Prix : **60** centimes

P. BONNÉTAIN

MARSOUINS

ET

MATHURINS

PARIS

MARPON ET E. FLAMMARION

ÉDITEURS

26, RUE RACINE, PRÈS L'ODÉON

MARSOUINS

ET

MATHURINS

J. BONNETAIN

MARSOUINS

ET

MATHURINS

PARIS

C. MARPON & E. FLAMMARION, ÉDITEURS

26, RUE RACINE, PRÈS L'ODÉON

—

MARSOUINS

ET

MATHURINS

I

FILLE A SOLDATS

> « N'y aurait-il pas encore, entre la *fille* et le soldat, les obscures ententes et les mystérieuses chaînes qui se nouent entre les races de parias ? »
>
> (*La Fille Élisa*)

A Edmond de Goncourt.

I

C'était une gamine alors : treize ou quatorze ans. Déjà femme, d'ailleurs, grâce au soleil — et grâce à la caserne.

Maigriotte, à demi formée, elle avait, dans

sa gracilité de fillette qui pousse, je ne sais quoi de troublant.

Jolie ? Non.

Belle.

Belle, avec cette impeccable et sculpturale pureté de lignes qui fait rêver l'artiste, dans les musées du Nord, et le fait soupirer, à Arles, par les chemins grillés, ou, à Toulon, par les étroites ruelles provençales, lorsqu'il rencontre, superbe dans son étonnante puissance de survie, le type classiquement fidèle de la beauté antique et païenne — l'aïeule éternellement jeune et incessamment féconde — tel que nous l'a transmis l'art grec.

Un profil de nymphe de bas-relief, que sa jeunesse en fleur attendrissait d'un rayonnant sourire ; un torrent de cheveux d'un noir d'encre, embroussaillés souvent, que le mistral lui rejetait comme un voile sur le visage mais sous lequel elle riait, insolente, sachant bien qu'à travers les sombres tresses de cette soyeuse résille, l'éclat attirant des yeux luirait toujours : ainsi je la revois.

Une femme et une flamme.

Un sang brûlé par le soleil courait sous sa chaude paleur de brune, d'inquiétantes ardeurs allumaient sa lascive prunelle.

Après dix ans, mon souvenir l'évoque encore telle que je la découvris, un jour de garde, à la porte du quartier.

J'écrivais. Elle entra hardiment dans le poste. Mes hommes dormaient; les volets étaient clos et, dans l'unique rayon de soleil qui coupait d'une bande d'or l'obscurité de la salle, des mouches passaient et repassaient, flamboyantes étincelles, avec un bourdonnement monotone et doux. Que voulait-elle? Voir, parler, être vue surtout. Elle demeurait à la porte en pleine lumière.

Ses cheveux lustrés d'huile étaient lissés avec soin et retombaient sur son cou — mal nettoyé, car l'enfant, en vraie Provençale, avait peur de l'eau et du savon — et, dans ses yeux, un flamboiement étrange éclatait, fait de vagues désirs.

Elle partit comme elle était venue : brusquement, en faisant bouffer sa méchante jupe sur ses hanches maigres, et son bras nu, mordoré par les morsures du soleil, passé dans l'anse d'un panier de raisins noirs reposant à même sur les larges feuilles de vigne comme sur un coussin de velours vert.

Je la suivis de l'œil, étonné, rêveur, et trouvant, à part moi, odieusement coupable le frisson sensuel que le regard d'inconsciente courtisane de cette brune fillette m'avait un instant fait courir à fleur de peau.

Alerte, elle traversait la cour et, de loin, une bande de moutards sales et barbouillés, ses frères et ses sœurs, l'appelaient à grands cris. Car la famille de Maria habitait dans la caserne même. Le père était musicien. C'était un paysan savoyard, ami de la chère lie et du far niente, qui, par peur du travail des champs désappris au régiment et par amour d'un soleil inconnu à Chamounix, s'était fixé à Toulon. Il avait épousé une belle fille du pays et on lui avait donné une cantine. Ses chefs, le voyant trop souvent ivre, la lui retirèrent bientôt ; mais, par compassion pour sa patriarcale famille que chaque année voyait s'augmenter d'un nouvel enfant, ils permirent à la femme du soldat de tenir, dans la cour même du quartier, un petit commerce de fruits et de mercerie. L'échoppe concédée au couple dans ce but était devenue rapidement quelque chose comme ces boutiques de *mercantis* qui vivent aux dépens de l'armée d'Afrique. Le troupier trouvait chez les Meignal toutes les denrées, tous les objets possibles — et au plus juste prix, le couple n'ayant du *mercanti* que le désordre pittoresque et la malpropreté orientale.

Madame Meignal était faite d'ailleurs pour achalander le magasin. Elle était royalement belle. Elle l'avait été, pour mieux dire, car l'âge avait empâté déjà son pur profil de Phocéenne, et sa fécondité biblique de robuste cantinière avait flétri sa gorge sculpturale et, dans un arrondissement général, appesanti son buste et ses flancs. Telle quelle, avec sa forêt de cheveux, sa suprême coquetterie, elle avait

fort bon air encore, sous le court habit à
basques. Le tricorne à glands d'or un peu
posé de côté, la ceinture de cuir, hardiment
serrée, rajeunissant sa taille, le pantalon bleu
archi-tendu et plus collant que ne le prescrit
l'ordonnance, elle marquait fièrement le pas,
à la suite de la musique, les jours de grande
revue de l'amiral. Au retour, elle envoyait le
tonnelet d'eau-de-vie, la ceinture vernie et le
tricorne au diable, et avec mille caresses en
provençal, mille câlines excuses, déboutonn-
ait l'habit et tendait au dernier né son sein
ferme et gonflé de lait qui surgissait, hardi et
fier, de l'étroite ouverture, égratignant parfois
sa marmoréenne blancheur aux boutons de
cuivre de l'uniforme.

Et pendant que l'enfant s'abreuvait goulû-
ment à même la source, la Provençale, enfié-
vrée par la parade, allait et venait, servant les
clients et bousculant tout, dans sa belle et
insouciante impudeur.

Dans ces moments-là, nous la faisions
causer. Pour la centième fois, nous lui rede-

mandions le récit de son odyssée, en 1870, à Bazeilles. La cantinière, alors, renvoyait ses filles et, tout en berçant l'enfant, dépoitraillée et chaste, elle nous racontait avec sa crudité d'expressions méridionale et militaire, et son terrible accent, ses transes durant la journée du 3 septembre, puis sa lutte dans l'immortel village qui fut le glorieux calvaire d'une héroïque et légendaire division d'infanterie de marine. A la fin, elle avait été prise et violée par vingt-trois Bavarois qui, noirs de poudre et ivres de notre eau-de-vie de bord, s'étaient rués sur elle.

Froidement et étrangement tranquille, sereine, et sans cesser l'allaitement du petit Meignal, neuvième du nom, elle nous contait les détails de ce viol, analysant ses sensations diverses, durant cette heure unique de sa vie, n'omettant rien et, pour tout peindre, employant les mots propres — en désignant les choses sales.

Un jour, en l'écoutant, je tournai la tête par hasard et j'aperçus, tapie derrière les paniers de fruits, Maria épiant la conversation. La précoce gamine, la physionomie tendue, l'œil dilaté par une curiosité intense, écoutait le récit techniquement détaillé du martyre de sa mère et, dans sa joie malsaine d'apprendre et de savoir, retenait son souffle. Elle ne me vit pas, et je n'osai rien dire : la Provençale était vive, avait la main leste. Vingt fois, j'avais été témoin des corrections qu'elle infligeait à ses enfants : par pitié pour Maria, je me tus.

La mère Meignal l'élevait de son mieux, et surveillait son vagabondage par la caserne et le faubourg du Mourillon, autant que le lui permettaient ses autres enfants. Maria — son aînée — qui venait de faire sa première communion comme une petite sainte, avec de mystiques et brûlants élans de passion pieuse, lui inspirait d'ailleurs une grande confiance. La pauvre femme, qui, malgré sa grossièreté populacière et soldatesque, était aussi bonne mère que fidèle épouse, serait morte de désespoir si elle avait deviné quelle fièvre perverse agitait son enfant.

Nous plaisantions volontiers la vivandière sur ses vingt-trois Bavarois, mais nous la respections tous. Depuis quinze ans qu'elle habitait la caserne, sa vie avait été sans reproches, et il ne fallait rien moins que cette réputation universelle d'honnête femme pour faire maintenir son privilège à l'héroïne de Bazeilles, malgré l'ivrognerie de son mari et les insultes à son adresse, qui, parfois, du dehors, pénétraient jusqu'au quartier.

Le faubourg, en effet, n'avait point pardonné à madame Meignal la faute de sa sœur aînée, la Julie. Celle-ci, quinze ans auparavant, avait déserté le foyer paternel pour suivre un amant. De chute en chute, cette fille était tombée aux derniers échelons du vice. Tout le régiment la connaissait pour l'avoir vue — ou fréquentée dans une maison louche des Remparts. La vivandière avait appris cette ignominie et en souffrait cruellement. Jamais elle ne parlait de la pécheresse. Meignal avait déclaré, un jour de ribote, qu'il passerait son sabre à travers le corps de celui qui prononcerait au logis le nom de sa belle-sœur. Le Savoyard ne plaisantait jamais, on le savait, et nul n'enfreignait la consigne. Les soldats, du reste, avaient conscience du supplice qu'éprouvait, dans son honnêteté, cette pauvre famille et, pitoyables à cette infortune que, campagnards en majorité, ils comprenaient plus vivement que personne, ils se taisaient sur les faits et gestes de la fille de joie.

La femme du musicien ne rencontrait pas malheureusement au Mourillon la même sympathie compatissante. Une légende avait cours dans le faubourg d'après laquelle, dans la famille de madame Meignal, toutes les filles aînées étaient fatalement d'incorrigibles gouges, de la chair à soldat et à matelots, des mange-mon-prêt finies, inévitablement condamnées au parquage infamant des filles soumises, dans le quartier du Chapeau-Rouge.

Maria devait connaître la légende, et peut-

être y rêver. Le soir de la première communion, une vieille lui cria au passage qu'elle
avait des yeux « à la perdition de son âme »,
et, cyniquement, jalouse de l'éclatante et
triomphale éclosion de la beauté de la jeune
fille, lui rappela l'histoire de sa tante : « Tu lui
ressembles... prends garde ! »

Et l'enfant, comme réponse, n'eut qu'un
éclat de rire sous son long voile de tulle

II

Elle grandit, pâlit et se fit femme.

Cette transformation exquise de la chrysa-
lide-fillette eut lieu, chez Maria, par secousses
et par bonds. Après un mois d'absence, on la
retrouvait changée, sans savoir au juste ce
qu'il y avait de métamorphosé en elle. On
cherchait, dérouté par son œil superbement
effronté, et on renonçait vite à un examen
que sa précocité à l'affût de tout et toujours
avide rendait vaguement coupable.

Hormis les parents, nul ne s'illusionnait

d'ailleurs, au régiment, sur la perversité contenue ou inconsciente encore de la gamine.

Un soir, étant de ronde, je la surpris assise dans l'ombre, derrière un tas de matériaux. Elle était immobile, pelotonnée comme une chatte frileuse, et serrée contre un gamin plus jeune qu'elle, un enfant de troupe, qu'elle était en train de corrompre dans un accès d'obscène curiosité. Ce Daphnis en uniforme, échappé de l'étude et du *De viris illustribus,* écoutait ardemment son professeur enjuponné ; notre brusque arrivée interrompit, à peine à temps, l'amoureuse leçon. Le gamin s'enfuit, mais Chloé, comme ignorant qu'elle eût fait mal, resta impassible. Sans se douter de notre écœurement, elle nous regardait, cynique, sans mot dire.

A mon retour des colonies, trois ans après, j'eus peine à la reconnaître. Elle avait dix-sept ans, et paraissait en avoir vingt.

Jamais je n'ai vu, sur cette terre du soleil, fille plus belle. Elle exhalait une chaude et ardente passion de tous les pores, de tous les plis de ses vêtements. Radieuse, elle traversait l'atmosphère chargée de désirs qui naissaient autour d'elle, enflammés, à chaque pas, par la voluptueuse ondulation nonchalamment rythmée de ses flancs.

Bientôt, du faubourg au Port-Marchand, elle connut la joie de faire tourner toutes les têtes et de troubler tous les jeunes hommes.

Plus d'un marin de Sicile rêva de l'emporter sur sa balancelle remplie de vin de Palerme ; plus d'un félibre toulonnais, en rimant des romances pour elle, erra la nuit par les vignes, sous ses croisées.

Dix-sept ans : le corsage qui s'épanouit dans sa fière rondeur, l'œil qui se mouille — et qui, le matin, paraît plus profond sur le cercle de bistre qu'a laissé l'amoureuse insomnie ! Dix-sept ans, et l'affre du désir qui bat le sang éperdu, peuple la solitude des nuits silencieuses, souffle à l'oreille les pensées mauvaises et fait rêver de caresses nouvelles, si douces, si profondes, qu'à leur pensée,

frémissante et pâmée, la vierge se sent défaillir....

Maria connut ces enivrements et ces mal-
saines fièvres. Le sommeil, par les chaudes
soirées d'août et de septembre, fuyait sa
couche. A bout de forces contre elle-même,
n'entendant dans le grand silence que le battement inouï de son cœur et l'argentine chanson monotone des grillons, elle se levait,
impatiente. Elle allait à la fenêtre donnant
sur la campagne aspirer un peu de la brise
saline qui courait de la mer aux champs bleuis
par la pâle lumière de la lune, et elle frissonnait à sentir, sous la plante de ses pieds nus,
la fraîcheur de quelque grain de raisin tombé
des paniers empilés et qu'avec un petit bruit
mouillé elle écrasait sur les larges dalles. Des
heures entières, elle restait là, collée contre
les barreaux, frémissant à chaque souffle d'air
qui blanchissait les oliviers, en ne laissant
plus voir que l'envers des vertes feuilles.

A quoi rêvait-elle dans ce calme énorme et
doux, et quel songe allumait dans l'ombre ses

grands yeux, lorsque, étrange sous le rayon-
nement nocturne, elle laissait tomber, comme
accablée par la chaleur, les plis de son dernier
vêtement, se perdant, la lèvre amoureusement
entr'ouverte, dans la contemplation de son
exquise nudité ?

Évoquait-elle alors la chère image de l'a-
mant rêvé ? Avait elle rencontré sur sa route
quelque jeune homme dont elle avait écouté
les doux propos ? Ses lèvres de vierge, en
rendant son baiser à l'heureux favori, avaient-
elles aspiré cette flamme intérieure, délicieu-
sement lancinante, qui, maintenant, la brûlait tout entière dans l'embrasement de ses
sens ?

Non. Ses yeux mi-clos ne fixaient pas dans
l'ombre une tête aimée ; son regard, coulé
entre les longs cils et perdu sur les contours
purs de sa jeune gorge, ne se noyait que dans
une vague et confuse vision. Son impudeur
naïve ne rêvait rien de précis : assoiffée d'amour,
elle écoutait parler son instinct et gronder le
sang de sa race.

Elle-même, peut-être inconsciente, ne démêlait pas clairement encore ses désirs, et quand, de ses bras nus, elle étreignait convulsivement le vide, dans un élan fougueux de passion, sa muette et ardente caresse ne cherchait pas un homme, mais l'homme, et l'assouvissement délicieux et charnel qu'elle pressentait dans l'embrassement du mâle.

Un jour, plus tourmentée que jamais de sa chaude frénésie, Maria songea à sa tante, cette paria maudite dont on ne parlait jamais au logis et dont, pour avoir épié, çà et là, les propos des soldats, elle connaissait la mystérieuse histoire. Il lui vint à l'esprit que la fugitive avait dû souffrir jadis de son mal, et une irrésistible envie de la voir et de lui parler s'empara de la jeune fille.

Tentation dangereuse. Le père Meignal la tuerait s'il savait cela. Puis, comment voir la prostituée ?

Jamais elle n'oserait traverser le Chapeau-Rouge. L'idée que toutes ces femmes la dévisageraient, qu'un troupier la reconnaîtrait peut-être, la faisait trembler. Que dirait-elle à cette Julie, d'ailleurs?

Indécise, elle sortit et s'en fut au hasard.

Songeuse, les yeux baissés, elle suivait le boulevard de l'Eygoutier, sur le trottoir qui longe le mur du petit arsenal, pour ne pas passer devant les maisons et les groupes de commères causant à l'ombre, au seuil des portes.

Il était midi, et, du ciel implacablement bleu, des platanes veloutés de poussière, une chaleur pesante tombait. Elle allait lentement, d'un pas tranquille, dans un énervement dont la torpeur la laissait sans forces, toute molle... Vaguement, elle éprouvait une béate jouissance à ne plus penser, à marcher devant elle, sans but, en remuant un lit bruyant de feuilles mortes d'où, desséchante, une poudre épaisse et farineuse s'élevait à chacun de ses pas.

Autour d'elle, un grand silence régnait, un silence de sieste méridionale fait de l'accablement général. Machinalement, peut-être pour ne pas quitter l'ombre des grands arbres, elle tourna et descendit vers le port. A droite, elle avait maintenant les fortifications avec leur herbe jaune et grillée. Des jardins l'en séparaient et, par les interstices des clôtures en planches des terrains vagues, des lauriers-roses passaient leurs feuilles blanchies et leurs fleurs incarnadines. Soudain, à gauche, un bruit de marteaux, tombant en cadence sur la tôle sonore et sur l'enclume retentissante, s'éleva. Cette musique travailleuse, de son bercement rythmique réveilla les rêves de Maria, et, comme secouée par les trépidations métalliques, l'enfant rouvrit les yeux en clignotant des paupières. Où allait-elle donc ? Elle se le demanda de bonne foi en arrivant au Port-Neuf. Là, des effluves alcooliques, fadement sucrés et rendus plus grisants par la chaleur, l'enveloppaient. Au seuil des maisons, sur la chaussée même, partout de gros tonneaux, noirs de marques et de chiffres, dormaient au soleil comme des chiens repus. Des traînées violacées sortaient des bondes

mal bouchées, s'étalant le long des douves
jusqu'au sol, humide et rouge à la place
qu'occupaient les futailles. De cette boue
fraîche, à l'odeur âcrement vineuse, des es-
saims de moucherons montaient en tour-
billons, allumant par places leurs vibrantes
colonnes à un furtif rayon échappé au tamis
des platanes.

Encore quelques pas: c'était le port avec
ses larges pavés de grès, son carré correct et
ses bateaux italiens amarrés aux canons-
bornes. La mer, dans ce bassin régulier, était
calme comme un lac. A l'entrée, sous le
souffle direct du mistral, un clapotement lé-
ger ridait sa surface bleue, et, le soleil accrochant là ses plus ardents rayons, l'œil ébloui
ne voyait plus qu'un scintillement éclatant
qui faisait baisser la paupière, mais laissait
encore au regard, sous ce voile, l'impression
brûlante d'un rideau rouge tiré brusquement
sur l'horizon. Maria passa, en inclinant son
ombrelle dont la toile irradiée envoyait à son
visage de tremblants reflets verts.

Il avait venté dur, la veille ; aux angles du
carré dans lequel dormaient les tartanes de
Gênes et de Cette, des algues, des fétus de
paille, des bouchons, des morceaux de bois
et toutes les épaves ordinaires de la mer,
rejetées par la colère du flot, se décompo-
saient et se tordaient sur les dalles, avec
d'irritants parfums salins. La Provençale s'arrêta et, machinalement, s'amusa à rejeter à
l'eau, de la pointe de sa fine bottine de coutil,
ces débris desséchés. Puis, elle s'étonna d'être
arrivée si loin. Elle était lasse. Des petites
gouttes de sueur perlaient à la racine de ses
cheveux sur ses tempes rosées ; une folle palpitation faisait frémir son corsage dans un
tremblotement rapide et continu. Il y avait des
bancs en face. Elle alla s'asseoir au pied du
grillage de fer d'un palmier qui frissonnait de
toutes ses longues feuilles à chaque souffle de
la brise. De l'autre côté de la chaussée, le
long de l'incessant et monotone rempart,
des cyprès rabougris et mélancoliques semblaient asphyxiés par la poussière et la cha-

leur. Plus loin, derrière les fossés, le champ de manœuvres s'étageait, montant jusqu'à la route des Maisons-Neuves, étalant, comme un paillasson usé, son gazon pelé et fleuri de petits cailloux blancs. Les compagnies de débarquement de l'escadre manœuvraient là, sans bruit, zébrant, par places, d'une ligne de cols bleus tranchant sur les noires vareuses, le fond grisaille du tableau. Par instants, passait le modulement aigu d'un coup de sifflet au strident commandement : les cols bleus s'agitaient, couraient, disparaissaient, puis on n'entendait plus que les vibrantes cigales.

Maria, reposée, se leva, toujours rêveuse toujours indécise, et gagna l'autre angle du port. Éparpillés autour de la *Charente*, bâtiment endormi sur les flancs duquel le soleil allumait des plaques de goudron liquéfié, les canots de l'escadre et les chaloupes à vapeur destinées à les remorquer attendaient là le retour des troupes de débarquement et confondaient leurs couleurs tendres. Des marins causaient d'un bord à l'autre, maintenant leurs embarcations à quai, en halant sur leur gaffe dont la griffe de fer grinçait sur la pierre, ou faisait sonner les lourds anneaux d'amarrage. Des patrons, des seconds-maîtres plaisantèrent la jeune fille au passage. Troublée, elle hâta le pas, franchit le pont-levis, tourna à droite et se trouva dans la vieille ville.

Alors, son parti fut vite pris. Le quartier était presque désert encore. Puisqu'elle était venue jusque-là, il fallait profiter de l'occasion et courir chez sa tante. Devant elle, une rue s'ouvrait, étroite, sombre, bordée d'un côté par l'éternel rempart et les casemates. Une écœurante odeur de cuir travaillé y décelait la présence des tanneries, mais Maria, habituée aux puantes exhalaisons du vieux Toulon, n'hésita pas et, résolument, s'enfonça entre les maisons noires.

Tout au bout, loin, bien loin, au delà de la place d'Italie, la ruelle semblait murée comme si elle avait abouti en plein cœur du mont Faron ensoleillé, dénudé, et profilant sur le

ciel bleu ses croupes massives. Sur leurs tons
gris d'écorce de platane — lèpre verte reposant l'œil — les vignes et les bastides accro-
chées aux flancs du géant plaquaient des taches irrégulières. Maria, se sentant défaillir à
mesure qu'elle approchait du but, ne voulait
plus songer, et cherchait du regard parmi les
cabanons de la montagne ceux qu'elle connaissait pour y avoir joué, petite, avec ses
amies. Ses artères battaient à se rompre :
elle ne distinguait plus qu'une masse crayeuse
qui semblait étonnamment proche, mais elle
marchait toujours, poussée par une puissance
intérieure.

Jamais elle n'avait remonté si haut cette
rue ; elle hésitait maintenant, incertaine de la
direction à suivre. Bientôt, elle n'eut plus de
doute. Elle était évidemment en plein Chapeau-
Rouge. Des ruelles larges de deux mètres,
avec un ruisseau fétide courant au milieu,
s'ouvraient sur le rempart. Les maisons étaient
closes, silencieuses, et de grands rideaux de
cotonnade ou d'indienne fermaient les portes.

Derrière, on entendait des voix de femmes. La jeune fille s'avança plus vite. Elle longeait le mur de la manutention, marchant le plus loin possible des maisons. Les rideaux s'entrebâillaient au bruit de ses pas, et elle apercevait des filles demi-nues, les cheveux épars, qui s'éventaient accroupies sur des carreaux et la dévisageaient curieusement, d'un air étonné. Quelques *pst pst*, aussitôt étouffés par des voix plus âgées, s'élevèrent.

« N° 8 », avaient dit les soldats. C'était près du cours Lafayette, assez loin. Elle y arriva enfin, à demi morte d'émotion. Une porte de chêne, une grosse poignée de cuivre, tout l'extérieur d'une maison sérieuse... Maria frappa deux ou trois coups, le bourdonnement de son sang l'empêchant d'entendre.

Une hideuse vieille, édentée, obèse et sale, vint ouvrir et recula aussitôt, stupéfaite de ne pas voir un homme.

— *Dé què voulès ?* demanda-t-elle.

— Je désirerais parler à mademoiselle Alia.

— Entrez alors.

La tante Julie s'appelait Alia, au n° 8 de la rue des Remparts.

La jeune fille pénétra dans le vestibule.

III

Alia dormait, quand on frappa à sa porte.

— Qui est là? cria-t-elle, en se soulevant sur son coude, étonnée de recevoir une visite sans avoir été mandée au « salon ».

La vieille lui cria en provençal qu'une « étrangère », sa parente, voulait lui parler, et, stupéfaite, la Toulonnaise, sautant à bas du lit, courut ouvrir.

Maria entra et, souriante et calme, s'avança dans la chambre. Du premier coup d'œil, Julie reconnut sa nièce ; dans une évocation plus

rapide qu'un éclair, elle détailla ce masque
superbe, se revit à vingt ans, et, soudain, pâle
de joie, d'étonnement, ferma violemment la
porte au nez de la vieille curieuse. D'un effort
inouï, contenant l'envie folle qui l'empoignait
d'ouvrir ses bras à la jeune fille, elle demeurait
devant elle, immobile, l'œil dilaté, la dévorant
du regard.

La prostituée était encore belle. Dix ans de
débauche n'avaient pu flétrir ses traits classiquement purs. Seules, ses lèvres sèches et
luisantes et la teinte de bistre cernant ses yeux
profonds indiquaient la fatigue, l'insomnie.
Nulle lassitude n'apparaissait dans sa pose,
nulle ride sur sa gorge. On devinait à la voir
qu'un sang ardent et riche charriait dans ses
veines la puissante jeunesse des courtisanes
antiques. Créée pour les labeurs de l'amour,
elle devait, comme au premier jour, apporter
à sa tâche infâme la même soif de luxure. Son
regard avait une lascivité langoureuse, inas-
souvie, et non le trouble d'un remords. Debout devant Maria, elle ressemblait à une

sœur aînée de la jeune fille. Une même expression se lisait sur le visage des deux femmes : fille de joie et vierge étaient de même race, toutes deux folles de leur corps. On les eût rêvées dans le même harem, loin de notre débauche européenne banale, laide et vulgaire, se perdant dans une volupté plus élevée, poétisée par des splendeurs des Mille et une Nuits et dans un cadre digne de leur beauté orientale.

Maria se laissait contempler, silencieuse. Des curiosités étranges lui venaient. Des questions, qu'elle n'osait rendre, se pressaient sur ses lèvres ; elle se taisait pourtant, embarrassée, confuse, mais, en apparence, impassible. A son tour, elle dévisageait sa tante, cherchant sur ses traits la solution du mystérieux problème qui la hantait.

D'ailleurs, aucun étonnement. A rouler la caserne, elle avait appris plus d'un vil détail et son aisance naturelle dans ce milieu n'avait rien de simulé. Elle s'était imaginé la chambre de sa parente plus somptueuse, mais Alia lui

apparaissait telle qu'elle l'avait rêvée, comme
une amie qu'elle aurait connue. Elle avait
déjà vu ces lourds bijoux sur ces bandeaux
noirs, ce corail sur cette pâleur chaude et
mate de la peau. Même, le cynisme du désha-
billé de la prostituée, surprise pendant sa
sieste, ne lui causait ni dégoût ni surprise. Ce
peignoir de mousseline dont la transparence
se collait aux flancs, elle aurait voulu le pos-
séder et s'en parer dans la solitude.

Alia, durant son sommeil, avait, du col aux
pieds, ouvert cet unique vêtement. Écartant
la frêle étoffe et les bouillonnés de dentelle
des bordures, la gorge surgissait ronde et
ferme, et, des hanches aux genoux, la blanche
nudité de ce beau corps de femme s'étalait
avec une tranquille impudeur; mais dans l'é-
motion que lui causait la visite de sa nièce, la
fille, habituée à vivre ainsi demi-nue, ne songeait pas à la légèrété de son costume.

Cependant quelques minutes — longues
comme des siècles — s'étaient écoulées dans
ce silence étrange. La courtisane, n'y tenant

plus, le rompit. Elle tendit la main à la jeune fille et l'entraîna vers le sofa. Mais comme Maria allait s'asseoir, Alia, dans un ressouvenir intime et douloureux, fut subitement prise d'une honte folle. Son visage s'empourpra, et, violente, elle saisit le bras de sa nièce, la forçant à se lever. Elle l'entraînait, tournant autour de la chambre, avec un rire qui était un sanglot, cherchant en vain, comme une insensée, un coin, un angle, un trou qui ne fût pas souillé et où cette vierge, fille de son sang, ne pût pas se heurter à quelque impur souvenir de débauche. Puis elle voulut sortir, aller chez « Madame », découvrir, à tout prix, un endroit propre. Elle s'apercevait, tout à coup, de son ignominie, et la présence de cette enfant, chez elle, dans son retrait de gouge soumise et de marchande d'amour, la faisait plus cruellement souffrir que l'abandon navrant et brusque de son premier amant, quinze ans avant, lorsqu'elle était encore honnête.

Maria, à la porte, résistait, ne voulant pas sortir. Etonnée, Julie releva la tête pour regarder la petite, l'interroger peut-être. La jeune fille, calme et froide, avait un sourire de sphinx. Alia rencontra son regard brûlant et lascif, et, soudain, comprit. Elle eut d'abord un cri douloureux et sa rougeur s'envola.

— Soit! dit-elle, et elle revint au sofa dont, par habitude, elle releva la housse, d'un geste machinal.

Et, brusquement, étreignant sa nièce contre elle et l'embrassant au front :

— Alors, tu es donc l'aînée?

— Oui, fit Maria.

La courtisane eut un soupir. Elle songeait à la fatale légende et à l'horrible héritage incombant aux filles aînées dans la famille. Cette enfant passionnément perverse qui se serrait contre sa poitrine, c'était elle, Julie, à vingt ans. Puis, soudain, se souvenant des humiliations anciennes, du méprisant silence par lequel on avait accueilli ses lettres et son repentir après sa première faute, des menaces du Meignal et de ses injures furieuses que lui rapportaient les soldats, elle savoura, féroce,

la malsaine joie de prévoir la vengeance pro-
chaine. « Vous n'avez pas eu pitié de moi,
pensait-elle, mais la gangrène est chez vous :
vous pleurerez à votre tour !... »

Alors, consolée, elle fit, fièrement et cyniquement, les honneurs de sa chambre à sa
jeune visiteuse, s'arrêtant parfois pour la cou-
vrir de caresses et de baisers. Maria, heureuse,
babillait et furetait partout, admirant les robes
et surtout le linge — ce luxe de la fille publique — qui remplissait les tiroirs. Cette atmosphère de vice la grisait. Elle resta longtemps
devant la toilette, ravie de toucher les bros-
ses, les pots de pommade et les flacons de
parfumerie. Dans une boîte, elle découvrit des
jetons de cuivre. Il fallut qu'Alia, rougissant
malgré elle, lui expliquât que ces « gros sous »
de laiton représentaient le prix de sa prosti-
tution. « Il y en a tant que çà ! » s'écria la
jeune fille qui devint rêveuse, et elle se jeta au
cou de sa tante, la fit asseoir au bord du lit,
puis, tout bas, lui parla longtemps à l'oreille.
Elle voulait tout savoir — tout. Alia, instinc-

tivement révoltée de ce rôle de sale matrone, essayait en vain d'éluder les troublantes questions.

— Ne causons pas de cela... Tu es belle !
— et elle l'embrassait pour lui clore la bouche.

— Vrai, petite tante ? Je suis belle ?

— Oui, chérie, *siès poulida !*

Radieuse, Maria partait d'un joli rire, frais et musical. Mais elle voulut être certaine de la véracité de l'éloge.

— Tiens, tu me diras aussi si je suis bien faite...

En un tour de main, espiègle, elle s'était dévêtue. Son tranquille sourire toujours aux lèvres, elle avait laissé tomber sa chemise et avec une légère palpitation qui faisait trembler la pointe rose de son sein, elle demeurait, toute nue, frissonnante de plaisir.

La prostituée croyait rêver. Cette naïve corruption l'effrayait. Les bouillonnements de son sang et de son instinctive soif du mal, à l'âge de sa nièce, n'avaient jamais atteint ce degré de lubricité. Elle admirait, cependant, malgré elle, les pures et élégantes proportions de ce corps de vierge aux onduleux contours.

Maria, se cambrant, le buste en avant, et les bras gracieusement arrondis sur la tête, attendait le jugement de Julie, avec l'attitude sculpturale d'une blanche cariatide. Fatiguée de supporter l'immobilité de son élan en avant dans cette pose de nymphe chasseresse, la cuisse droite de la jeune faunesse tremblotait nerveusement, dans une contraction lassée. Alors, transportée, ravie, Alia tendit les bras au jeune modèle. Ce geste suppléait à toutes les louanges. Maria rayonnante ne s'y méprit pas, mais, bientôt, se dégageant des bras de sa tante, elle revint au milieu de la chambre se planter devant l'armoire à glace. Sa joie se faisait enfantine et sa main sur le verre biseauté caressait béatement son image. Habituée à se coiffer devant un fragment de miroir terne, elle prenait un plaisir fou à se voir tout entière, de face, de profil, de trois quarts, dans le sombre cadre de palissandre.

Puis, elle avisa une boîte de poudre de riz, s'en empara et, joyeuse, s'envoyant des baisers dans la glace, couvrit sa chaude nudité de brune d'une couche de veloutine. Elle était toute blanche, enfarinée des joues aux jambes, l'ondulation voluptueuse de ses flancs et le frémissement de sa poitrine faisaient danser autour d'elle une poussière neigeuse et parfumée, à travers laquelle ses formes souples se dessinaient comme sous un nuage.

La boîte se vida à ce caprice. Ce jouet épuisé, elle courut au lit et, en exhalant une grisante odeur de musc, se jeta encore au cou d'Alia. Un autre désir la tenait : se coucher dans le lit de la courtisane, s'y vautrer à corps perdu. Celle-ci, sans forces, consentit enfin et il lui fallut ouvrir les draps et donner à l'enfant perverse l'illusion d'une chute réelle dans la boue.

A côté de la tête d'Alia, la jeune fille remarqua sur l'oreiller une tache graisseuse, flaira l'odeur de pommade à l'œillet qui s'en dégageait, et, câline, se serrant contre sa tante, interrogea. Et la prostituée, entre deux baisers, avoua que son préféré, un petit élève-fourrier de la flotte, avait dormi là, la veille. Maria se fit plus pressante ; elle couvrait sa tante de caresses, avide de savoir... Puis, un silence se fit.

La tante Julie, sa confession terminée, demeurait écrasée, honteuse de son rôle, impuissante pourtant à repousser l'étreinte passionnée de sa compagne.

Et la fille à soldats, la prostituée cuirassée par dix ans de séjour au Chapeau Rouge, pour la première fois, s'étonna...

Cependant le soleil s'abaissait. Il était tard. La chambre s'emplissait de la lueur rougeâtre du couchant. De la cage de l'escalier, un caquettement de femmes montait, mêlé à un tintement de verres et à des rires gras d'hommes en ribote. La voix de la sous-maîtresse s'éleva :

— Voyons, Alia, assez dormi. Nous avons du monde. Il est bientôt sept heures, et vous n'êtes pas coiffée !

Réveillées en sursaut, les deux femmes s'habillèrent. La courtisane attendrie ne pouvait maintenant se résoudre à laisser partir sa nièce. Sa colère contre les siens s'était fondue avec son premier spasme. Elle questionnait la jeune fille sur ses frères, sur ses sœurs. Oh ! comme elle aurait voulu pouvoir connaître et embrasser les chers moutards ! Elle parlait, fébrile, avide d'avoir des nouvelles de la Meignal, sa cadette et sentait son cœur se gonfler à parler de sa famille.

— Je suis morte pour eux ! murmura-t-elle, et une larme perla à ses cils recourbés.

Maria, qui laçait son corset en chantonnänt, se retourna :

— Tu pleures ? demanda-t-elle, naïvement surprise. Alors, tu regrettes ce que tu as fait ?

Alia se redressa, le feu de l'orgueil séchant soudainement ses pleurs :

— Non! cria-t-elle, vibrante d'une chaude et subite passion. Si c'était à recommencer, j'agirais de même!

Pensive, la jeune fille descendit.

Les salons étaient remplis. L'*Alcyon* était entré en rade la veille, revenant d'une campagne de deux ans dans l'Atlantique-Sud.

Les marins, le gousset garni, faisaient bruyamment « la fête ». Quelques-uns, ivres de champagne, se tenaient au seuil du bouge, conviant les passants de toutes armes et de tous corps à venir partager la satanée bombance.

C'était sur les divans salis, autour des tables pliant sous le poids des soucoupes et des bouteilles, un vacarme énorme. Tout le bataillon des pensionnaires de la maison donnait pour la circonstance. Assises sur les genoux des hommes, elles posaient sur leurs larges chignons les bérets des matelots qui, mis en belle humeur par cette mascarade, se livraient à un échange de coiffures avec leurs compagnons, artilleurs et marsouins. Un

timonier, son chef étroit rasé et grotesque-
ment couvert d'un immense shako, s'était
juché sur un guéridon et, débraillé, la chemise de laine ouverte sur sa poitrine muscu-
leuse, raclait furieusement une vieille guitare
et marquait la mesure à grands coups de
talons ferrés sur le marbre.

Des couples s'enlaçaient à l'autre bout de
la pièce, valsant avec furie, aux sons enragés
de l'aigre crincrin. Les épaulettes jaunes, les
brandebourgs, les cols bleus, les rubans aux
couleurs criardes tournaient infatigables ; et
du parquet malmené, dans l'âcre odeur des
corps en sueur et des parfums féminins, une
poussière fine montait, enfarinant le lustre,
voilant l'illumination reflétée par les glaces
et mettant au gosier des spectateurs une soif
inextinguible.

Aussi les bouchons sautaient-ils sans cesse
de ce côté. La bière mousseuse coulait à flots,
et les femmes poussaient, à chaque instant,
des petits cris de gamines qu'on chatouille, à
sentir, dans un nerveux agaçement, la fraî-

cheur du liquide éclaboussant leurs cuisses nues étendues sur les genoux des buveurs.

L'orgie était à son comble quand les deux Provençales passèrent devant la porte grande ouverte de la salle. A la vue d'Alia, un grand battement de mains retentit, et une clameur d'enthousiaste ovation s'éleva, faisant trembler les vitres. Les mathurins reconnaissaient la belle Toulonnaise oubliée durant deux ans de mer ; c'était à qui l'acclamerait et la tirerait à lui par un pan de son mince peignoir, en étalant à la lumière crue du gaz la blancheur de ses flancs. La courtisane, soudain grisée, embrassa rapidement sa nièce et s'élança du côté des danseurs.

Maria, en attendant qu'on lui ouvrît la porte, bouclée depuis la nuit par crainte de rixes, demeurait immobile, épiant du couloir ce qui se faisait dans le salon. Au-dessus de sa tête, des singes et des perroquets que les marins, débarqués la veille, traînaient partout avec eux, s'agitaient aveuglés par la lumière et secouant, l'air morne et dépaysé, les cordes les retenant aux consoles ou aux battants de la porte.

Et comme la sous-maîtresse arrivait pour ouvrir, un marin éveillé par le bruit d'enfer montant du rez-de-chaussée, descendit de la chambre où, depuis la veille, il cuvait l'ivresse du retour. Il avait entendu et aperçu Maria dans la chambre de sa tante. C'était un mécanicien, un lettré. Il prit la jeune fille au menton :

— Tu t'en vas donc, ma petite Lesbienne ?

Effarée, elle s'enfuit, sans comprendre. Un refrain grivois la poursuivait obstinément.

D'un trait, elle courut jusqu'au faubourg, en rasant les murailles. Rue Lamalgue, elle ralentit le pas et acheta un panier de figues fraîches.

Quand elle arriva à la caserne, ses parents étaient à table.

— D'où viens-tu ? grommela le père.

— Du cabanon, répondit-elle en déposant son panier.

— Tu es bien rouge ! Pourquoi rester si tard ?

Et placide, sans soupçons, le Savoyard replongea sa cuiller dans sa soupe.

IV

Les jours suivants, Maria resta songeuse.
Son tricot à la main, et agitant du pied le
berceau du dernier des Meignal, elle repas-
sait, l'œil perdu, les détails de sa visite à la
tante Julie. Un éblouissement lui restait,
confus, troublant, et ses anciens et vagues
désirs, sous l'empire des révélations reçues, se
fondaient en un souhait précis dont l'idée incessante ne lui laissait aucun repos. La
chambre étroite où, dans une ignoble promiscuité, toute sa famille passait la nuit,

redevint, pour la jeune fille, une prison. Durant ses longues heures sans sommeil, silencieuse, elle rêvait à la fenêtre, évoquant, cette fois, l'image de quelque jeune homme rencontré dans le jour, et qu'elle aurait voulu pour mari, — pour amant, afin de moins attendre.

Parfois, elle frissonnait. Les rideaux du grand lit de ses parents avaient remué, et, curieuse, elle épiait le bruit des caresses échangées dans l'ombre.

Elle pâlissait chaque jour davantage; ses yeux enfoncés paraissaient plus ardents sur leur cercle bleuâtre et battu. Le père et la mère, inquiets, lui prescrivirent de l'exercice et l'envoyèrent tous les après-midi à la vigne. La jeune fille obéissait, nourrissant la secrète espérance que le hasard amènerait sur sa route celui qu'elle attendait. Plus d'un soldat lui parut réaliser le type caressé, mais elle avait une effroyable peur de son père, et, par crainte que les indiscrétions de la caserne n'apprissent à Meignal la faute de sa fille, la Provençale prudente repoussa, l'air hautain, les poursuivants en uniforme — fourriers bellâtres, majors poseurs — qui papillonnaient autour d'elle. Au fond, elle avait d'ailleurs pour le soldat, malgré son enfance passée dans le quartier, l'étonnant mépris de la Méridionale.

Un jour, étant sortie de grand matin pour aller à la bastide avant la chaleur, Maria rencontra sur le boulevard de l'Eygoutier, un jeune homme qui, en la voyant, s'arrêta et longtemps demeura immobile, à la suivre des yeux.

Il était six heures. Les ouvriers du petit arsenal, à l'appel interminable et monotone de la cloche, se rendaient au travail, accrochés au passage par des vieilles femmes et des enfants qui vendaient, étalées au bord du trottoir, sur des serviettes ou des feuilles, les provisions frugales dont les travailleurs, enfermés tout le jour derrière les sombres murailles des ateliers maritimes, se prémunissent avant d'entrer. Le jeune homme fit ses modestes achats et se mêla à la foule. Maria se retourna alors et le chercha du regard. Il s'en aperçut et, joyeux, chanta durant tout le jour.

C'était un beau garçon, solide et fier. Son teint olivâtre, ses cheveux trop noirs qui, avec le frisottement d'une toison de caniche, couvraient son front, ses yeux hardiment fendus et langoureux lui avaient valu, dans les faubourgs toulonnais, quelques bonnes fortunes que sa fatuité italienne proclamait par une allure prétentieusement déhanchée, des airs de tête vainqueurs et de ridicules poses de jeune coq triomphant.

Le campagnard apparaissait en lui. Ce métis de Génoise et de Provençal avait longtemps été roulier dans les Alpes-Maritimes. Une riche Niçoise, hétaïre sur le retour, s'était amourachée de ce gars vigoureux et hâlé. Un jour qu'il arrêtait ses mules à la porte de la villa de l'ancienne cabotine pour décharger un ballot, la dame l'appela, lui sauta au cou et, durant une longue semaine, s'amusa des étonnements de ce rustre, se pâma sous ses brutales caresses. Puis, à bout de forces, se fatiguant de ce charretier sentant l'écurie et qu'elle avait à plaisir corrompu, elle le renvoya avec quelques louis

Le roulier, tombé de ses rêves dans la réalité de sa vie grossière, ne put se remettre au travail. Dégoûté des champs, avide de théâtre et de plaisirs, il se fixa à la ville et fit tous les métiers — voire les pires. Plus tard, il vint à Toulon et entra à l'arsenal. Cet alphonse rustique, ouvrier fantaisiste, s'habillait comme un « monsieur », allait tous les soirs au café-concert, étalait des bijoux voyants et se piquait de trouver, chaque semaine, une nouvelle maîtresse parmi les femmes de ses camarades ou des marins embarqués.

Maria le vit tout le jour passer et repasser devant ses yeux. Son imagination galopait. Une fièvre joyeuse lui empourprait les pommettes. Enfin, elle avait trouvé celui qu'elle cherchait ! Certes, elle serait à ce beau garçon, coute que coûte, et n'importe comment.

Le soir même, elle se retrouva, comme par hasard, à la sortie de l'arsenal du Mourillon.

Sur deux rangs, entre une haie de marsouins, baïonnette au canon, et de gendarmes, le flot des travailleurs s'écoulait lentement par la porte étroite. Les hommes sortaient, un à un, dans l'incessant et monotone carillon de la cloche, et un gardien, d'une main rapide, palpait leurs vêtements et fouillait le mouchoir noué aux quatre coins dans lequel ils remportaient leur couvert et leur bouteille : l'État, avant de les lâcher, s'assurait que rien ne sortait de ses magasins.

Sur le boulevard, des femmes criaient d'une voix glapissante : « *le Petit Marseillais* », *le Petit Var* », « les dernières nouvelles ! » et ne pouvaient suffire aux demandes de ces Provençaux, ardents clubistes et politiques enthousiastes. Des groupes se formaient, et les ouvriers, condamnés par les règlements à ne pas fumer de toute leur longue journée,

allumaient, avec des airs de réjouissant bonheur, leur pipe ou leur cigarette.

Maria, d'un air indifférent, cherchait dans
la foule le jeune homme rencontré le matin.
Lorsqu'elle l'aperçut, elle lui jeta, furtive, un
regard où se coulait toute sa jeune et folle
passion. Le roulier ne se méprit pas à cet
aveu, à cet appel, et comme la jeune fille, de
l'air insouciant d'une promeneuse, fuyait le
flot d'hommes qui gagnaient le faubourg et
remontaient le boulevard dans la direction
du polygone et de la mer, il la suivit, non
sans une palpitation, tant cette nouvelle bonne
fortune dépassait aux yeux de l'Italien tout
ce qu'il avait osé rêver. Et, à marcher derrière la belle Provençale, le sang fouetté par
la vue de son balancement de hanches, il se
prit, soudain féru d'amour, à la déshabiller
mentalement, le regard allumé d'une ardente
convoitise.

Il n'osait pourtant l'accoster. Il croisait à
chaque pas des artilleurs descendant de leur
caserne, et, connaissant l'emploi du père Mei-

gnal, l'ouvrier craignit de compromettre la jeune fille en l'abordant devant ces soldats qui pouvaient l'avoir vue au quartier d'infanterie de marine. Maria, impatiente de son côté, hâtait le pas. Elle tourna devant le polygone et gagna le bord de la mer. Puis, souple et leste, elle grimpa la falaise déserte, escaladant les rochers, comme un cabri, et s'arrêta, essoufflée, derrière les énormes canons des Batteries, au-dessus de la Grosse-Tour.

Elle s'était laissée tomber sur un quartier de roc, et, anxieuse d'entendre le jeune homme, regardait devant elle sans voir, ses petits pieds pendant au-dessus de l'abîme et battant sur la pierre une marche précipitée.

Enfin, il arriva, un peu rouge de la course — et d'émotion.

Ils étaient assis l'un près de l'autre, les mains serrées, le même halètement sympathique soulevant leur respiration. Entre les noires culasses des canons, par dessus l'herbe flétrie de l'épaulement, ils apercevaient la mer, toute bleue au large et d'un noir d'encre à leurs pieds, sous l'ombre des roches. Au loin, quelques voiles blanches et rouges filaient rapides. A l'entrée du port, un trois-mâts grec courait des bordées, cherchant la brise pour gagner le port et profilant sur l'horizon sa toile et ses mâts, en une silhouette tremblotante. Les teintes foncées du ciel s'étaient adoucies dans une dégradation harmonieusement fondue, dont la claire coulée, partant de l'empourprement des nuages planant au couchant, sur la Seyne, se noyait dans une tonalité claire et vaporeuse, à peine orangée, au-dessus de la haute mer. L'approche du soir pâlissait les hauteurs environnantes. Le fort Lamalgue semblait une brique rose. Un dernier rayon, adieu du jour, accrochait un miroitant éclair à quelque vitre sous ses créneaux, et, de l'autre côté, le cap Sicier, avec ses sombres pins d'Alep et ses chênes-lièges, avait les reflets moirés et métalliques d'une aile de corbeau.

Une étoile s'alluma soudain au-dessus de Saint-Mandrier. C'était la nuit.

Maria se leva brusquement, il fallait se séparer.

— Tu viendras demain ! dit-elle en partant.

— Oui, répondit le jeune homme.

Et serrant contre sa robuste poitrine la jeune fille défaillante, il lui donna son premier baiser.

S'il avait osé, à ce moment, l'enfant n'aurait fait, sous son étreinte, qu'une faible résistance ; mais l'Italien avait perdu toute hardiesse devant cette virginité superbe dont l'abandon l'effrayait.

La Provençale lui avait demandé de venir voir le père Meignal : il irait, certes ; il épouserait sa fille ; il partirait avec elle loin de Toulon, loin de ces amours vulgaires dont il avait jusque-là fait sa vie. La petite d'ailleurs devait avoir quelque argent ; il ferait donc du coup une bonne affaire... Il fallait un jour en venir là. Autant alors cueillir cette belle fleur de grenadier au passage ! Elle l'avait ensorcelé, cette fillette !...

Il était sous le charme, ne voulait plus réfléchir. Ce coureur de filles rêvait naturellement mariage. Passer à la mairie lui paraissait la chose la plus simple du monde. Il aurait décroché la lune si Maria l'avait voulu.

Le lendemain le trouva moins résolu, mais il la croisa en allant à l'arsenal et son hésitation s'envola. Pendant une semaine, chaque soir, ils se rencontrèrent, et, le dimanche enfin, vêtu de ses plus beaux habits, le jeune homme entrait à la caserne.

Il en sortit bientôt, la tête basse. Le père Meignal l'avait congédié. Le soldat réservait son enfant au fils d'un de ses collègues, garçon travailleur possédant quelques économies. Il ne voulait pas rompre son engagement en faveur d'un méchant mange-tout que, de son pupitre à l'orchestre des bals et des cafés-concerts, où le musicien jouait le soir, il avait souvent remarqué faisant tapage, au milieu d'une bande de garçons mal famés et de filles perdues. Le Savoyard ne cacha pas tout cela à l'amoureux anéanti.

Il détestait, à vrai dire, l'ancien roulier, l'ayant vu, un soir, promenant Alia aux Maisons-Neuves.

Maria, son prétendant parti, demeura atterrée. Ce refus et cette révélation l'écrasaient. Le jeune homme à qui son père l'avait promise était embarqué; il avait, au moins, deux ans encore à passer au service.

Deux années ! Jamais elle ne pourrait attendre aussi longtemps. Plutôt mourir !

V

C'est d'un air impassible en apparence que la Provençale avait appris la décision paternelle. Il lui fallait, avant tout, ne pas éveiller les soupçons et dissimuler son intime souffrance. Elle y réussit : nul ne se douta de l'écroulement cruel de son cher espoir. Mais, dès le lendemain, elle revit l'Italien, et la rancune orgueilleuse du jeune homme tomba sous son regard.

Tous les soirs, ils se retrouvèrent dans la solitude des Batteries.

Maria courait à ces rendez-vous furtifs au premier coup de cloche de l'arsenal et attendait l'ouvrier avec une fébrile impatience. Plus assoiffée d'amour à chaque rencontre, elle mourait d'envie de se donner, tremblait à l'idée de cette chute et de ses conséquences possibles, et, dans sa corruption, souhaitait naïvement alors, qu'enhardi par la liberté de ses folles allures et de ses caresses passionnées, son amant, lui enlevant toute responsabilité, la prît violemment, en apparence malgré elle.

—Le dimanche arriva; il y avait fête au faubourg. Le boulevard était couvert de guinguettes, de baraques, de bals. La foule se pressait, énorme, sur la chaussée et les trottoirs. Au bout du Mourillon, par delà les fortifications, c'était une solitude dont le calme contrastait avec le vacarme des réjouissances publiques. Lasse de valser et hantée plus violemment par son rêve, après l'enlacement étroit qu'autorise la danse, Maria se dirigea vers le pont-levis. L'Italien, qui maintenant la suivait partout, l'imita, et les deux amants se rejoignirent bientôt sous les arbres, le long du lit desséché de la rivière de l'Eygoutier.

Il était quatre heures; le soleil encore haut dans le ciel grillait la terre crevassée, et, à bout d'haleine, mis en nage d'ailleurs par le bal, les fugitifs s'arrêtèrent. Lassés, ils se laissèrent tomber derrière une haie de bastide, à l'ombre d'un mûrier.

Ils ne se parlaient pas. La jeune fille fouillait l'herbe roussie du bout de son ombrelle, ou, du manche, dessinait en l'air, comme dans un décalque, les arêtes du mont Coudon et ses flancs bleuâtres qui masquaient l'horizon. A travers les feuilles vertes du mûrier, quelques rayons passaient, se jouant sur ses mains et sur le tissu glacé de sa robe.

Autour d'eux, un grand silence. Par instants seulement, un ronflement de cigales, le martèlement des boules heurtées par les joueurs dans quelque clos voisin, ou la note criarde d'un piston apportant sur la brise un lambeau de quadrille...

L'ouvrier s'était découvert pour rafraîchir un peu son front, et de son feutre il éventait la nuque de la jeune fille, riant d'un air béat à voir trembloter les bruns frisons qui s'enfonçaient dans l'entrebâillement de la collerette. Une soif étrange tourmentait aussi le jeune homme, à sentir, dans la lourde chaleur, la grisante odeur de femme montant de cette ouverture béante du col, par laquelle il apercevait la peau dorée et duveteuse.

Maria, la bouche sèche, fermait les yeux, frissonnant sous le chatouillement de ce courant d'air qui rafraîchissait son cou en sueur, et, par instants, glissait le long de son dos, avec une douceur sensuelle. Le sang battant désespérément à ses tempes et bourdonnant à ses oreilles, elle se renversa, nerveuse, tout à coup, et sa fine tête tomba sur le bras de l'Italien à genoux derrière elle. Leurs lèvres se rencontrèrent.

Alors, à bout de forces, et avec un grand

cri de désespoir ou de victoire, pâmée, les yeux perdus, elle attira le jeune homme près d'elle. Il la regardait avec une surprise qui chassait ses désirs. Elle se serra plus fort contre lui, l'étouffant dans une caresse qui mordait, et, avec une cynique impudeur — brusque ressouvenir de sa visite à Alia — lui couvrit les genoux du blanc envolement de ses jupons relevés. L'Italien perdit la tête. Devant les troublantes splendeurs de ce corps que sa maîtresse dévoilait, il oublia la proximité du chemin, une surprise possible et sa peur du père Meignal.

Maria, vautrée sur le gazon, l'encourageait de son lascif regard et se tordait déjà avec l'animalité d'un bestial et voluptueux spasme.

Une heure après, la Provençale regagnait la caserne. Elle marchait sans rien voir, dans une hâte fébrile d'être seule — au frais, chez elle, hors de l'étouffant corset — et de repasser ses sensations confuses.

Ses parents la trouvèrent « toute drôle ».

Elle prétexta un grand mal de tête et courut se jeter au lit.

Là, elle pleura — sans savoir pourquoi, — prise d'une lassitude molle dans laquelle, comme grisée, elle voyait danser les meubles autour d'elle, son imagination en délire tournant avec eux dans l'impossible poursuite d'une idée. Elle se crut folle et s'endormit.

Le jour la trouva brisée, mais calme, le teint pur. Longtemps elle se regarda dans son miroir, cherchant si, sur ses traits, on ne pouvait pas lire quelque honteuse révélation. Elle se reconnut le même visage que la veille. Ses yeux étaient baignés d'un fluide clair et brillaient étrangement. Elle se trouva belle, s'admira, brusquement consolée, sourit à son image et se prit à fredonner la chanson de Mireille. Soudain, elle rougit : à sa robe accrochée au mur, elle voyait des brins d'herbe, des bouts de ronce. Elle les détacha un à un, courut à la fenêtre pour les jeter, et, se ravisant tout à coup, les serra dans le coin de sa commode. Puis, jusqu'au soir, elle rêvassa.

Maintenant elle renouait le fil interrompu de ses impressions. Celle qui dominait tenait du regret et de l'hébètement. « Ce n'est que cela ! » songeait-elle, pensive.

Peu à peu cependant, les jours suivants, elle sentit ses désirs renaître, plus vifs, plus impérieux. Ses sens allumés rêvaient d'un reposant et doux assouvissement. Elle avait le regret vague de n'avoir pas suffisamment savouré la joie âcre et la brûlante jouissance du fruit défendu. Alors, sans hésitation, elle revint à l'Italien.

Leurs rencontres devinrent fréquentes, et bientôt quotidiennes.

Elle ne pouvait jamais se résoudre à quitter la chambre du jeune homme, et ses lubriques fantaisies de Messaline amoureuse laissaient son amant stupéfait, sans forces, et chaque fois plus avide de ces mortelles caresses. Maria devenait parfois songeuse. Le souvenir de Julie la poursuivait, et, en regardant

dormir l'Italien épuisé, il lui vint, par instants, le désir d'une débauche plus com-
plète.

L'étrange fille! Elle était toujours l'idole
de tous les siens. Dévouée, infatigable, elle
suppléait sa mère, dirigeait le ménage et
soignait les marmots avec une tendre solli-
citude. Elle recevait innocemment leurs caresses, et, une heure après, vierge folle, courait
se jeter dans les bras de son amant.

Inconsciente, elle vivait de cette double vie,
chaste et impure à la fois. Obéissant à un
irrésistible et mystérieux instinct, elle allait
devant elle, sans réfléchir, et son sang seul,
d'après la fatale tradition de sa famille, devait
être coupable.

Un matin, elle s'aperçut qu'elle était en-
ceinte. Longtemps elle dissimula sa grossesse.
Les semaines, anxieusement comptées, s'écoulèrent rapides, et un jour arriva où la jeune
fille désespéra de cacher plus longtemps son
état. Elle se réfugia chez son amant : depuis
la veille le jeune homme avait déménagé et

un de ses voisins apprit à la visiteuse qu'il était parti pour Marseille.

A moitié folle, Maria rentra chez son père.

VI

Ce fut une scène bouffonne et tragique.

Le Savoyard était ivre, quand il apprit le déshonneur de sa fille aînée. Tout fut brisé dans l'humble logis. Les enfants, épouvantés de la colère de l'ivrogne, se cachèrent, Maria se sauva au corps de garde, la mère Meignal s'évanouit, et, de peur que le musicien fît un malheur, l'adjudant de semaine, attiré par le vacarme, le fit enfermer à la salle de police.

Deux heures durant, ce scandale avait révolutionné le quartier.

Alors, la pécheresse, encore toute blanche de peur, se décida à quitter la caserne, sachant bien que, dégrisé, son père ne serait pas moins impitoyable.

Elle le voyait décrochant son revolver ; folle d'effroi, elle se mit à courir. Où ? Elle ne le savait pas.

Machinalement, elle suivit le chemin qu'elle avait pris, huit mois auparavant, pour aller voir Alia, et ne recouvra son sang-froid qu'en se trouvant rue des Remparts.

Elle entra chez sa tante résolument.

La courtisane ne fut pas trop étonnée, mais n'en pleura pas moins, puis procura à sa nièce une chambre, des vêtements, et, dévouée, la soigna comme une mère.

Maria accoucha d'une superbe petite fille, et, sitôt après ses relevailles, par une faveur spéciale du patron, fut installée régulièrement comme pensionnaire du « n° 8 ». Il y eut baptême clandestin, mais fête publique et éclatante. La nouvelle venue but son premier verre de champagne à la santé d'Alia. Au des-

sert, elle avoua à sa tante qu'elle était « presque heureuse ».

Aujourd'hui, Mania supprimerait le « presque ». C'est la reine des filles de joie. Elle
adore Céline, sa fillette, qui — détail bien
toulonnais — est élevée dans la maison, gâtée
à plaisir, caressée par tous les clients et par
toutes les femmes. Parfois, l'histoire de la
Provençale s'étant répandue, un médecin de la
marine vient, en bourgeois, lui rendre visite
et solliciter la faveur de l'examiner. Puis,
étonné, il palpe le crâne de sa petite gamine.
La jeune mère consent à tout, toujours
rieuse.

Sa famille a quitté Toulon, le père Meignal
ayant obtenu sa retraite, et, libre de tous
soucis de ce côté, la nièce et amie d'Alia se
laisse vivre, béatement vautrée dans l'ignominie. Le vice est son élément : toujours inas-
souvie, elle s'y roule, frénétique, et sa joie
serait sans mélange, si, par les jours de mauvais temps et de maigres recettes, il ne lui venait, à voir la tante se flétrir languissante,

une crainte fugitive au sujet de Céline et de son avenir.

Dans ces courts moments de réflexion prévoyante, la jeune femme se demande si la tradition ne ment pas et si la destinée fatale n'est pas encore conjurée.

Anxieuse, elle interroge des cartes crasseuses : sa fille sera-t-elle aussi une gourgandine ? ne devrait-elle pas rechercher une maternité féconde qui lui permît d'avoir des enfants honnêtes ?

Puis, elle chasse ces pensers qui l'attristent. Pour se remonter le cœur, elle va rejoindre son amant au café de Provence, à la limite du quartier assigné aux filles, et, là, tandis qu'Alphonse joue ou pérore, elle lampe à petits coups gourmands une bavaroise au kirsch.

La dernière fois que je l'ai vue, elle s'était, disait-on, amourachée du vieux docteur chargé du dispensaire. Jaloux, son maître de l'instant, un gabier de l'*Annamite*, la rouait de coups tous les soirs.

Décembre 1881.

II

LE PETIT MARSOUIN

A Émile Zola

I

Il y avait au fond de la grande cour du quartier, sous les platanes, près du lavoir, une bande étroite de terrain où l'herbe croissait, toute verte, dans l'ombre humide.

Ce coin verdoyant attirait le regard. On le découvrait depuis le poste de police, sous la voûte de la porte d'entrée. Au bout de l'immense rectangle aride, par les longues journées des canicules toulonnaises, c'était comme une oasis qu'on rêvait plus fraîche à

sentir monter du sable ensoleillé la chaleur
lourde, rendue plus étouffante encore par
la réverbération crue des hautes murailles
blanches.

Cette oasis avait un hôte, un maître, qui,
sans souci du linge que les cantinières éten-
daient là, se roulait joyeusement sur l'herbe,
avec des rires sonores.

C'était un doux gamin, toujours pâlot,
mais toujours gai, que nous adorions tous, et
qui était l'ange de la caserne, comme ces
quelques mètres de gazon en étaient le paradis.

Le bon petit homme ! qu'il était bien là
avec ses grossiers jouets, son képi trop grand
et ses refrains de soldat qu'écoutait le factionnaire : le factionnaire, son ami, son confident,
qui, toutes les deux heures, changeait, sans
que l'enfant s'en aperçût et cessât ses questions ; celui qui, patiemment, souriait à l'interminable gazouillis de son petit camarade,
mais, parfois, l'écartait, doucement, pour de-
meurer immobile et au port d'armes à l'ap-

proche d'un officier. Le gamin alors, lui aussi, se faisait grave, se grandissant, la main au képi, jusqu'à ce qu'il eût été vu — et embrassé.

Car, du plus jeune sous-lieutenant au colonel, c'était à qui lui ferait le plus de caresses. Il était connu de tout le monde, les officiers passant tous devant lui pour gagner leur petite porte particulière. Pourtant il en était un — toujours sans sabre, ayant des lunettes et des revers rouges aux manches — qui lui paraissait mystérieux, l'effrayait même. C'était le médecin-major.

A chaque rencontre, celui-ci, avec une moue grondeuse et des yeux mi-clos, tâtait et auscultait l'enfant. Après un brusque baiser, le bourru s'en allait, hochant la tête, comme étonné, à part lui, de le voir vivre encore, puis, sous prétexte d'allumer son cigare, entrait chez les parents du bambin, et, de son air toujours rageur, leur disait brusquement :

— Du fer, du fer et de la viande crue, je vous le répète !

Et le père et la mère se regardaient, mornes et désespérés, comme s'ils avaient deviné quelque lugubre arrêt sous cette tonifiante ordonnance.

Ils tenaient dans la caserne un bureau de tabac et vendaient des bibelots à l'usage du troupier. L'homme était musicien. A bout de forces, au retour de sa troisième campagne en Cochinchine, il avait épousé une brave Provençale dont les bons soins et la rude affection l'avaient à peu près guéri ; mais son fils, le petit Victor, avait hérité des fièvres paternelles. Il végétait, toujours maladif et blême, anémique comme s'il fût né sur les bords du Mè-Kong.

Quel âge avait-il ? Nul ne le savait au juste. Huit ou neuf ans peut-être. Les plus anciens du quartier ne l'avaient jamais connu plus petit.

Sa faiblesse rendait plus gracieux ses jolis traits, ses beaux cheveux. Ses grands yeux, où parfois passait un regard d'homme, avaient une profondeur qui étonnait, mais son intelligence précoce, son bon petit cœur auraient seuls suffi à le faire adorer de la caserne.

Les moindres recoins de la vieille bâtisse étaient familiers à l'enfant. Des salles de la musique aux chambres de ses amis les sergents-majors, par la cour aride et les grands escaliers, sur le gazon du lavoir, on le rencontrait du réveil à la retraite. La mère, tout d'abord, avait redouté pour lui cette fréquentation constante des troupiers ; mais le petit, confiné dans l'étroit bureau sans air où les soldats se pressaient pour allumer leur pipe à la mèche, avait semblé dépérir encore : ses parents avaient dû le laisser, de nouveau, vaguer librement. Il avait repris la vie qu'il aimait : une heure d'étude, le matin, chez le sergent des enfants de troupe, puis, une journée entière de courses et de plaisirs qu'aucun autre enfant n'aurait goûtés. Quels risques courait-il d'ailleurs ? Ces deux mille hommes étaient ses esclaves, les plus rustres étaient les plus doux. A son approche, les contes grivois se taisaient et les ivrognes feignaient de dormir. C'était donc, tout le jour, des joies inouïes et des jouets fantastiques : des glissades sur les piles de draps, dans les magasins du casernement, des siestes — trop courtes — sur les tas de capotes du gros capitaine d'habillement, des batailles sous les châlits, des cabossures sur les trombones, et, surtout — ô bonheur ! — des grands coups de poing donnés, dix minutes durant, sur la grosse caisse mugissante !

Le soir, à la première *sonnerie aux consignés*, il rentrait. Il était rose, dépeigné, horriblement sale, mais il avait l'œil flamboyant, l'air presque bien portant, et la mère, en le débarbouillant, l'embrassait à pleine bouche, toute joyeuse, avec d'adorables câlineries en provençal.

On se mettait à table, et, lui, boudait son assiette pour raconter sa triomphale journée, mélant tous ses récits, montrant tous ses trésors : ancres dorées, cocardes défraîchies, ou crayons bleus, cadeau d'un fourrier. Souriante, la mère l'excitait à bavarder, pour qu'il ne la vît pas, avec son compte-gouttes, faire tomber dans la timbale, une à une, les gouttelettes brunes d'une liqueur ferrugineuse.

Après le repas, on retournait au comptoir. Il plongeait ses petites mains dans le tiroir, s'amusant à y laisser retomber une cascade de gros sous ; mais il n'était jamais aussi heureux que lorsque son père, étalant son « carton » sous la lampe, se mettait à répéter le solo de piston qu'il devait exécuter le lendemain. Il grimpait alors sur le genou du musicien, écoutant d'abord comme charmé, puis, fatigué des bruyantes fioritures, introduisait son petit poing dans le pavillon de l'instrument, pour faire faire « un couac à papa ». Alors c'étaient des rires ! Soudain, il s'endormait, et, bien vite, on fermait les contrevents.

II

Cependant ce séjour dans la caserne, ces journées passées parmi les troupiers, n'étaient pas sans agir sur l'enfant. Il voulait être soldat, adorait le régiment, l'uniforme, le beau drapeau tout flambant neuf. Il s'affublait parfois des vêtements de son père, se perdant dans la tunique qui balayait le sol sur ses talons et sur laquelle il passait fièrement les courroies vernies de la giberne à musique et du bidon maternel. Mais les jours de revue demeuraient surtout ses jours de bonheur.

Dès l'aube, tout était en remue-ménage dans

l'étroit retrait où habitaient ses parents ; nulle cajolerie, nulle promesse ne retenaient au lit le petit Victor. Il courait partout, cherchant à se rendre utile, et chantant à tue-tête, avant le jour. Enfin, ses parents étaient prêts. Sa mère avait revêtu ses vêtements de vivandière : le pantalon bleu à la hussarde et le veston à basques. Elle inclinait coquettement sur son chignon le tricorne dont les glands d'or, à chaque pas, battaient sur le grand col marin, tout blanc. Plein de cognac, son petit tonnelet, dont les cercles brillaient sur le bois tricolore, sonnait de gais glou-glous. Sûre alors de ne pas être en retard, la Provençale servait le café, tout en recommandant à l'enfant d'être bien sage jusqu'à son retour. Il promettait, et continuait à bavarder, parfois encore les petons nus, et se démenait par la chambre, avec sa chemise de nuit trop grande. Ou bien, il entr'ouvrait la porte, se plaignant que le clairon tardât, puis, soudain, se taisait : formidable, la *Marche du régiment* avait éclaté à deux pas de son bec rose, à côté,

contre le mur. Les cinquante cuivres soufflaient là leur fanfare et le vieux sergent mé-
daillé et chevronné battait du pied la mesure,
avec un air fier, sous ses grosses moustaches
et son nez rougi. Alors, le père embrassait
Victor, passait un dernier coup de peigne
dans ses épaulettes jaunes, et, son piston à la
main, rejoignait ses camarades. Sa femme le
suivait, non sans avoir encore caressé l'enfant
et donné mille instructions à quelque vieux
sapeur exempté de la revue et qui devait
avoir soin du petit jusqu'au retour des parents.

A ce moment, l'appel était fini. On attendait dans un grand silence, sous le ciel clair, légèrement rosé au-dessus des cales du Mourillon.
Les officiers, mal éveillés, grattaient le sol de
la pointe de leur sabre. Derrière la bande
monotone des capotes bleues roulées sur les
sacs, les chevaux des chefs piaffaient, en hen-
nissant avec un bruit de trompette. Par moments, les lignes sombres du régiment que
piquait, çà et là, l'éclat des cuivres, frémis-

saient à force d'être immobiles dans leur rigide alignement.

Enfin, le colonel apparaissait, et Victor dévorait de ses grands yeux ce vieillard blanchi, qui, péniblement, se hissait en selle et, se laissant secouer par son arabe impatient dont le trot faisait trembloter l'aigrette de son maître, venait se placer devant le front des troupes. Tout à coup, les têtes se tournaient et, du bout de la cour, suivi de sa garde, on voyait arriver le porte-drapeau. Chatoyant et heurtant ses franges d'or, l'étendard, au souffle du matin, claquait, superbe, contre sa hampe.

L'œil agrandi dans une admiration intense, le gamin cherchait à lire, sur les plis mobiles, les lettres d'or, les noms des victoires au Sénégal et en Cochinchine. L'officier s'arrêtait devant le colonel qui, le sabre haut, saluait, immobile, et c'était un commandement sonore qui roulait, répété partout et n'en finissant pas. Le régiment présentait les armes, tandis que la musique et les clairons

commençaient le *salut*. Les clairons se taisaient bientôt, et, seule, la musique reprenait,
fiévreuse, un morceau de « Roland ».

L'enfant le connaissait bien, ce morceau ! Il
s'imaginait reconnaître les sons du piston de
son père et écoutait, jusqu'à ce que les
crosses des deux mille fusils, retombant toutes
ensemble avec fracas sur le sol, l'eussent fait
bondir. C'est qu'il fallait courir alors, aller se
poster à la porte du quartier, à cheval sur la
borne, pour assister à la sortie !

Enfin, le tonnerre des commandements ces-
sait. Le régiment faisait *par le flanc*. Les clairons sonnants entraient sous la voûte, les
cuivres réveillant là de formidables échos.
L'enfant ne voyait plus rien : il cherchait la
musique et papa ! Le pauvre homme le cherchait aussi, oubliant parfois de fixer la *Marseillaise* sur son instrument, pour sourire plus
longtemps au gamin. Tout de suite après,
venaient les cantinières, pimpantes et bien
sanglées, les yeux gros de sommeil, à demi
gênées encore, mais raidissant déjà le mollet

et marchand carrément au pas, en faisant claquer leurs petits talons sur les pavés. Victor faisait le salut militaire à sa mère qui lui envoyait un gros baiser et tournait la tête tant qu'elle le pouvait voir. Puis, commen-çait l'interminable défilé des compagnies se pressant sous la porte étroite.

Les yeux de l'enfant se fatiguaient à dévisager tout le monde au passage, dans ce bruit de torrent que coupait, par intervalles, un coup de cymbales, clair et vibrant, venant de bien loin, sur le boulevard, à la tête. Il restait pourtant à attendre les enfants de troupe qui, démenant leurs petites jambes, pour aller au pas de leurs devanciers, passaient les derniers, rapides et trottinant. Oh ! qu'il les enviait ceux-là, et qu'il aurait voulu se mêler à leurs rangs ! Les plus grands, derrière, avaient déjà sac et fusil. Tous portaient l'uniforme.

Il regardait alors, d'un air d'humiliation naïve, sa blouse et ses pantalons courts. Son képi, dont la possession l'avait jadis rendu si heureux, lui semblait jurer avec ce coutil

pékin. Pourquoi n'était-il pas avec ses camarades? Après tout, il était enfant de troupe,
lui aussi, touchait ses vivres et sa solde. Sous
prétexte qu'il était frêle et maladif, allait-on
le garder tout le temps comme une fille? Il se
promettait d'être bien sage et de bien câliner
sa mère jusqu'à ce que, du moins, on lui eût
fait faire un uniforme.

Sur cette résolution, il reprenait la main du
sapeur qui, entre deux pipes, lui contait ses
campagnes ; mais, comme l'heure s'écoulait,
il lui échappait pour aller, toutes les dix minutes, demander au sergent de planton si le
régiment reviendrait bientôt.

III

Victor fit tant et tant, qu'un beau jour, on envoya chercher le maître tailleur. Gravement, l'enfant se laissa prendre mesure et ne dormit ni ne joua ce jour-là. Jusqu'au soir, il resta chez les ouvriers de la compagnie *hors rang*, regardant « si sa tunique avançait ». A table, il ne tarit pas en détails sur ce merveilleux vêtement. Sa mère souriait, heureuse de sa joie, mais triste, cependant, à le voir, sans appétit, becqueter une grappe de raisin qu'il ne pouvait achever.

Le lendemain, comme il jouait devant la porte, il eut une faiblesse soudaine. On l'emporta, on le coucha vite ; mais quand le docteur arriva, nous comprîmes à son seul froncement de sourcils que l'enfant était perdu. Les parents bouleversés espéraient encore. Ils espérèrent jusqu'à la fin, jusqu'à la dernière heure.

Oh! la cruelle et lente agonie! et que de fois, durant mes nuits de garde, j'ai contemplé, le cœur serré, la petite lumière jaunissant l'imposte du bureau de tabac et sous laquelle je devinais le père accablé, la mère en larmes, près du lit où se mourait l'enfant!

Il s'éteignit peu à peu, comme une lampe à laquelle l'huile manque. La vie se retirait de lui sans secousses et sans qu'on s'en aperçût, si ce n'est à ses yeux agrandis et plus brillants, à sa joue plus blanche, à sa main plus moite. On lui défendait de parler : vaine défense! Il babillait toujours, s'inquiétait de « son régiment » et bondissait dans son lit, à chaque sonnerie du clairon. Quand

— pour la forme et pour calmer les parents
— le major entrait lui tâter le pouls, Victor
lui demandait avec anxiété s'il serait guéri
pour le dimanche suivant et s'il pourrait
étrenner son uniforme. Puis, un jour vint où
le médecin, en s'en allant, serra la main du
musicien, et lui dit à l'oreille : « Du courage,
mon vieux ! Laissez-le bavarder et donnez-lui
tout ce qu'il voudra. »

Le père resta immobile, l'œil perdu. Comme
sa femme l'appelait, criant que le petit voulait
des figues, il partit, chancelant comme un
homme ivre, pour dévaster cabanons et bastides, chercher les plus beaux fruits — et
pleurer, s'il le pouvait.

Quand il revint avec un panier de figues
bien mûres, dont la pulpe sanglante perlait
sur les feuilles de vignes, la mère se récria :
« Cela lui fera du mal ! » Et le pauvre homme,
la gorge serrée, balbutia : « C'est le docteur... ». La Provençale leva la tête, vit les
yeux rouges de son mari, et, devinant tout,
tomba en poussant un grand cri.

Le soir, comme l'enfant râlait déjà, un soldat vint, un tailleur. Le croyant mieux, il lui apportait son uniforme. La mère, hagarde, le renvoyait, mais Victor reconnut la voix et comprit. Il fallut laisser entrer l'ouvrier, mettre les vêtements sur le lit. Le gamin, de ses doigs amaigris, caressa longtemps le drap brillant et les boutons dorés. Comme on le soulevait pour qu'il les vît plus à son aise, il dit à sa mère : « Dimanche, n'est-ce pas, maman ?... » puis pencha la tête et ne bougea plus.

L'enfant de troupe était mort.

IV

Le régiment était à l'exercice. Il était quatre heures. La cour, toute brûlée de soleil, était déserte et le mulet du corbillard, agacé par les mouches, piétinait, soulevant la poussière et faisant tinter ses grelots. La porte du musicien était ouverte, laissant entrer le soleil qui pâlissait la lueur des cierges. Des femmes du voisinage retenaient sur son lit la mère de Victor.

— Il est temps, fit le conducteur, voilà *lou capellan...*

Et, les prières dites, au milieu des cris déchirants de la mère, on porta le petit cercueil sur le char. Le père, les yeux rouges, tournait tout autour, se heurtant aux roues, et, d'un geste machinal, égalisant les plis du drap. Sur un signe d'un ami, il rentra chez lui, prit la tunique et le képi neufs, les posa sur la bière et demeura derrière la voiture, morne et les bras ballants.

On partit enfin.

En sortant du quartier, le prêtre commença à chanter les psaumes, tout en s'abritant avec son parasol. Il marchait lentement, s'interrompant parfois pour s'éponger le front, et, sur la chaussée blanche, le cortège suivait, dans la chaleur étouffante que soufflait la muraille monotone de l'arsénal. Tout derrière, dans un gros nuage de poussière, les enfants de troupe allongeaient le pas, causant gaiement. Le père levait la tête, comme soulagé de ne plus entendre les sanglots de sa femme qu'on avait retenue de force à la caserne.

Et les versets succédaient aux versets, sous les platanes poudrés à blanc, sur le boulevard solitaire. Quelques femmes cousant au seuil des maisons closes se signaient au passage du cercueil; d'un des cafés, derrière les lauriers-roses, sous les stores tendus, un bruit de billes entre-choquées, un tintement de verres sortaient, avec les rires gras de quelques matelots en bordée. On arriva aux remparts et le convoi s'engagea sous la porte, devant l'employé de l'octroi tête nue.

Sur les dalles métalliques du pont-levis sonore, le trottinement des enfants faisait un long roulement. Tout en haut, à droite, derrière les créneaux du fort Lamalgue, un factionnaire apparaissait, immobile, piquant d'un point rouge le bleu foncé du ciel. Au bruit des pas, les stridentes vibrations du cri des cigales s'affaiblissaient, pour reprendre bientôt, plus furieuses, derrière.

A ce moment, du ravin aride que formait le lit desséché de la rivière des Amoureux, un souffle cuivré sortit, et, au détour du chemin,

on aperçut l'*école des clairons*. Dans le fond,
sur le champ de manœuvres, s'étageant, les
masses sombres du régiment passaient en
ondulant et repassaient derrière les arbres,
avec le scintillement des baïonnettes dans le
soleil. Enfin des haies les cachèrent. Le
musicien pleurait, songeant que, dans ses
rares promenades, l'enfant venait toujours
par là, voir manœuvrer ses bons amis les marsouins. Le pauvre homme pensait aussi que, le
lendemain, malgré son deuil, il serait avec
eux, à son poste ; que pendant le *pauses* il
chercherait en vain, parmi les gamins et les
curieux, autour des petits drapeaux des
voitures des limonadières, le visage de son
cher petit, et que, malgré ses larmes, il lui
faudrait ensuite reprendre son instrument
pour entamer en fusées brillantes, sous
l'inexorable bâton du chef, quelque valse
bien gaie !

On parvint au cimetière. A la porte, le malheureux se détourna pour ne pas voir le coin
des enfants — les petits tertres.

C'est alors que le vent lui apporta, par bouffées, les premières notes de la « Petite Mariée ». Le régiment s'éloignait, longeant le rempart, et le pauvre père, à bout de forces, se laissa tomber sur le sol, avec une vision atroce dans les yeux et dans le cœur : son enfant, aux sons du morceau qu'il aimait, se démenant — comme aux jours du passé — comique et délicieux, à travers la chambre, en brandissant « le bancal à papa » !.

On ramena le musicien.

Sa femme l'attendait à son comptoir. Elle était toute blanche, et, entre deux pesées, mordait son mouchoir pour ne pas crier.

C'était le jour du *prêt*. Jamais elle n'avait autant vendu. Les soldats, essoufflés par l'exercice, se pressaient dans la boutique. Sur ces deux milliers d'hommes, beaucoup ignoraient que la mort fût passée là, et plus d'un, en allumant sa pipe, demandait cordialement :

— Où donc est Victor ?

Alors la mère se renversait sur sa chaise, et le père s'avançait pour servir les clients, mêlant tout et rendant la monnaie au hasard.

A sept heures, comme — malgré la consigne — ils fermaient leur porte pour pleurer tout seuls, le sous-chef entra :

— Grande revue de l'amiral, demain, à neuf heures, dit-il. Cartons 27, 29 et 38. Le *Chant du départ* et la *Marseillaise* comme d'habitude... De la tenue : c'est l'adjudant-major Blanchard qui est de semaine.

Et, comme l'homme protestait :

— C'est impossible, répondit-il, mon vieux, tu restes notre unique soliste. Daniel a pris tantôt un coup de soleil et est à l'hôpital. Il faut venir.

Puis, il retourna achever son absinthe.

Tête basse, les dents serrées, ces deux pitres de la comédie militaire, ces deux forçats du bagne Armée, se préparèrent pour la parade. Sous la lampe fumeuse ils astiquaient, silencieux et mornes ; mais parfois, sur le

piston du mari, ou sur le tonnelet de la femme,
une grosse larme tombait, ternissant l'éclat du
cuivre.

Mai 1881.

III

GABRIELLE

A mon ami L. Tillier, lieutenant de vaisseau.

I

— Commenceront!... commenceront pas!...

— Anen, li sourdats!

Soudain, la rumeur populaire s'éteignit dans un clapotis décroissant où perlaient encore des rires : le chef de musique venait de se lever. Debout au milieu de l'estrade, tout noir dans le cercle des lampes à l'huile dont la jaune clarté étoilait à peine les boutons de sa tunique, il pivotait lentement sur les talons et de l'œil passait en revue ses exécutants.

Un « ah ! » courut dans la foule, puis ce mot : *Pétrarque,* chuchoté par mille voix ; le chef, s'arrêtant en face des pistons, assura ses lunettes sur son nez, se campa d'aplomb, et, brusquement, étendit le bras. Alors, un susurrement de hautbois et de flûte naquit très doux ; les cuivres lentement soupirèrent, et, dans une harmonie ouatée, s'unirent en un chant d'une ténuité langoureuse.

Un grand silence s'était fait. Autour de l'estrade, parmi les chaises, on devinait plutôt qu'on n'entendait le froufroutement ailé des éventails. Derrière la quadruple rangée des auditeurs assis, un ramassis de monde se pressait, et le grouillement de cette foule muette ne se révélait qu'au seul bruissement du sable sous ses pas.

La plainte mélodique s'élargissait cependant sur un dernier trémolo. Dans la rentrée, en sourdine d'abord, mais bientôt éclatante, de tous les instruments, l'orchestre semblait traduire une colère succédant à des larmes. Un chœur de sonorités montait, encadrant une phrase chantante du cor, et, plus rapide, la main gantée du chef précipitait ses envolées d'une irrégularité rythmique et promenait ses va-et-vient, pareille à un papillon blanc voltigeant dans l'ombre.

Ensuite, ce fut un solo de piston d'une rauque douceur, puis encore une reprise générale, et, sur un égrènement de coups de cymbales, dans un ronron de grosse caisse et un mugissement de tous les cuivres, le morceau s'éteignit.

Des applaudissements partirent. Modérés parmi les chaises, ils couraient, se faisant frénétiques, parmi les gens debout, et cessaient à peine aux coins de la place d'Armes.

La foule avait repris son tohu-bohu. Un fourmillement concentrique roulait de la musique aux trois allées, dont le trapèze encadrait l'estrade, et redescendait s'écraser contre les murs de la Préfecture maritime. De nouveau, dans le murmure confus des voix, on entendait le mot *Pétrarque* voler de bouche en bouche, avec des échos contagieux sous les

câlines intonations provençales et la caresse
d'un accent traînard qui faisaient sonner ses
voyelles.

Comme si cette toquade de la foule les eût
à la fin agacés, trois officiers de marine installés au premier rang des auditeurs se levè-
rent bruyamment.

— Que le diable soit de leur *Pétrarque!* dit
l'un assez haut pour faire retourner ses voisins.
Et, se frayant un chemin dans les groupes, les
marins s'éloignèrent.

Il n'était pas facile de fendre la presse. Il
fallait louvoyer à petits pas pour couper le
courant. Dans les allées même, on ne pouvait avancer. C'était une procession lente et
serrée de dames en toilettes claires, d'hommes
en uniforme et en redingote. Les gens qui
n'avaient fait que se deviner autour de l'estrade se retrouvaient dans le coup de lumière
des becs de gaz dont la clarté crue ravivait
d'un gros vert les feuilles basses des platanes.
Là, les conversations moins vives mêlaient
leur murmure assourdi comme dans un salon,

sans qu'un mot provençal détonnât parmi les bouts de phrase en français que les officiers happaient au passage. Et cette impression d'un salon, à travers lequel des couples font les cent pas entre deux valses, revenait à sentir la tiédeur de l'air où des parfums de femmes mouraient dans l'imperceptible poussière poudrerisée dont la buée trépidante montait du sable trop battu, voilant les lustres des terrasses de café, de l'autre côté de la place.

— Attendons un instant ; nous verrons peut-être Gabrielle, proposa un des marins, celui qui n'aimait pas *Pétrarque*.

Les trois hommes s'arrêtèrent au bord de l'allée, tournant le dos à la musique, et, adossés à un platane, le cigare aux lèvres, restèrent un instant à dévisager les promeneurs.

La procession se déroulait toujours, monotone en sa régularité, poussant du même pas, en sens inverse, son double courant. Il montait, frôlant les trois amis au passage, avec des remous, parfois, qui fouettaient leurs jambes de coups de jupes ; puis, à l'angle de la Préfecture maritime, virait court à droite, et redescendait vers eux par l'autre côté de l'allée. Impassible, au coin du mur blanc de la Préfecture, un factionnaire de l'infanterie de marine semblait présider à cette parade, et ses épaulettes jaunes, avec une fixité exaspérante, apparaissaient toujours immobiles dans l'ondulement confus des chapeaux à plumes, des mantilles, des képis rouges ou noirs et des casquettes plates, dont quelques-unes, encore couvertes de la coiffe blanche en usage le jour, piquaient de points clairs le moutonnement des têtes.

Les officiers s'impatientaient. Ah çà! que faisait donc Gabrielle? Cette sacrée Gabri ne pouvait pas avoir manqué la musique, un soir qu'on jouait l'ouverture de *Pétrarque*, l'œuvre d'un Wagner du cru, la coqueluche de tous les *mokos!*

Et, gouailleurs, ressassant entre deux bouffées de fumée quelque vieille plaisanterie du port à l'adresse de l'absente ou des mélomanes toulonnais, ils continuaient à suivre les pas-

sants du regard. Parfois, du bout des doigts,
familièrement, ou respectueusement, d'une
large envolée du bras emportant la casquette,
ils saluaient leurs collègues et leurs familles,
et, du même sourire, avec cette promiscuité
inconsciemment frondeuse, dans laquelle
l'homme de garnison mêle les filles entrete-
nues et les femmes de ses supérieurs, ils accompagnaient la bouquetière du café de
Bohême, les soupeuses de la taverne de Stras-
bourg, la jeune femme du colonel d'artillerie,
et l'incessante smala des filles, femmes, mères
ou sœurs des officiers de la division. Aussi
bien, dès qu'elles avaient dépassé les trois
jeunes gens, elles étaient pareilles, les prome-
neuses, avec leurs corsages clairs, leurs gazes,
leurs rubans, leurs fanfreluches, dont la
gamme estivale égayait le noir de la foule.
Même les plus gracieuses tailles et les plus
attrayantes tournures n'appartenaient point
aux jeunes mondaines chassant au mari sous
couleur d'entendre la musique. Mais, au bout
de l'allée, quand elles se retournaient, devan

la sentinelle toujours immobile sous la pluie des pétales que sa baïonnette détachait des lauriers-roses pendant sur la crête du mur de la Préfecture, elles réapparaissaient le visage en pleine lumière, et l'on ne pouvait plus les confondre sous les battements ingénus ou coquets de leurs éventails.

— Pas encore mariée, la fille du commissaire général ! disait le lieutenant de vaisseau, qui semblait l'aîné des trois jeunes gens. Je parie que la promotion de 1890 la fera encore danser dans les salons de l'amiral !...

— C'est comme Gabri ! répondit le plus jeune, en secouant la cendre de son cigare tombée sur le parement lie de vin de ses manches... à moins pourtant qu'un pharmacien de marine retraité ne l'épouse, je parie qu'on la retrouvera exerçant rue Saint-Roch, quand Lionnel, ici présent, aura ses deux étoiles !

— Tais-toi, docteur, fit le lieutenant de vaisseau. La voilà...

Gabrielle était près d'eux. Lionel l'accosta avec le sourire et les poignées de main des vieilles connaissances; puis, fendant la foule, ils traversèrent l'allée tous les quatre, et gagnèrent le café de la marine, dont les tables débordaient sur la chaussée. En un instant, ils furent installés sous la tente. Un garçon apporta de la bière.

— Non! cria la femme, je ne prends plus que de l'anisette!

Et, pendant qu'on la servait, elle se déganta lentement. Ses bracelets tintaient luisants sur le suède clair qui tirebouchonnait à ses poignets en plis réguliers, sous lesquels se perdait la manche. C'était une belle fille, mûre et grasse, au teint hâlé sous sa veloutine. Les extrémités fortes. Elle souriait toujours d'un sourire machinal qui découvrait ses dents larges, saines et laiteusement émaillées comme celles d'une négresse. Une de ces dents, au milieu, avait une brèche; mais, loin de l'enlaidir, ce défaut donnait à sa physionomie on ne savait quoi d'étrange et corrigeait ce qu'avait de trop régulier son masque correct de Génoise. Sur son chignon d'un noir épais, des épingles fichaient leurs têtes de corail rose et pourpre. Elle était sanglée dans une robe de toile bleue à pois blancs et coiffée d'un chapeau de paille en forme de panier, où tremblotaient des fleurs, des fruits, des plumes, tout un attirail clinquant et criard. Elle zézayait et sentait à la fois l'ail et la peau d'Espagne.

Essoufflée d'avoir marché vite pour ne pas manquer la musique, elle ne dit rien d'abord, léchant à petits coups de langue gourmands son verre de liqueur et regardant devant elle l'éternel va-et-vient des gens sous les platanes.

Vus du café, les musiciens juchés sur leur estrade au milieu de la place semblaient rapetissés, pareils à des ombres jouant entre des lampions. Tout autour, du monde grouillait toujours. Les têtes se levaient; on regardait un ballon rouge qu'un enfant avait laissé s'envoler et qui montait tout droit devant la façade de villa italienne de la Préfecture dont la blancheur riait au clair de lune, entre ses deux pa.miers. Le ballon, pareil à une tache de sang, oscillait à peine sur cette pâleur, dans l'air où ne passait aucun souffle. Mais, peu à peu, il s'éleva, devint rose en face des tuiles, s'éteignit contre une cheminée, puis parut dans le ciel, dans le bleu, point noir à présent. Doucement, il fila du côté de l'arsenal, et disparut. Les têtes se rabaissèrent, et le brouhaha de la foule reprit, coupé par instants par un son clair de sabres choquant les angles des trottoirs.

— Eh bien ! Gabri, demanda le lieutenant de vaisseau Lionel, les affaires vont toujours?

La femme éclata de rire, et, sans répondre, se mit à fredonner. Alors le jeune homme lui présenta ses compagnons : l'enseigne de Lavry et le docteur Demange, tous deux embarqués comme lui à bord de l'aviso *l'Estafette*. Mais Gabrielle l'interrompit. Elle connaissait bien M. Demange ; elle avait soupé avec lui, l'année précédente, lors du concours des médecins de première classe ; même ils avaient pour voisin de table Chaboul, l'aide-major du 4° de marine. Ah ! un joli mufle, celui-là !

Et s'animant tout à coup à l'évocation de ce nom tombé par hasard dans la causerie, elle se lança dans vingt histoires enchevêtrées, mêlant potins et ragots et assaisonnant ses phrases de jurons provençaux qu'elle zézayait très comiquement.

Le lieutenant s'amusait, et Demange riait à se tordre.

— *Voui! voui!* ce ne sont pas des tours à faire et il n'y a pas de quoi rire, allez ! répétait-elle en secouant son chignon gras, où les épingles de corail sautillaient, irradiant sous le gaz leurs montures d'or. D'abord ce Chaboul avait peu de tenue... Et puis qu'avait-il besoin de l'attraper dans son journal ?

L'enseigne, qui ne connaissait pas Toulon, semblait ne point comprendre, mais son ami Lionel supplia Gabrielle de parler moins haut; il allait raconter la chose lui-même.

— Voilà ! Chaboul avait fondé le mois d'a--vant un petit journal hebdomadaire, imprimé

sur papier rose, et qui s'appelait *la Guêpe*.
Il le remplissait avec toutes les histoires de
femmes qu'on racontait dans les carrés et dans
les mess. C'était une série de portraits-charges
exécutés avec plus d'humour que de talent et
qui avaient mis sens dessus dessous le Lan-
derneau galant et maritime. Il avait commencé
par Gabrielle, la prenant dans ses commence-
ments...

L'officier s'arrêta hésitant, cherchant ses
mots...

— Oh! mon cher, vous pouvez tout répéter!
s'écria la Génoise, avec un rire de bonne fille.

— Eh bien, continua le lieutenant, Chaboul
rappelait que Gabrielle avait débuté comme...
cireuse de bottes sur le carré du port, à côté
du café du Commerce, et qu'elle avait connu
là le contre-amiral Julien de Rilly, qui l'avait
lancée — et en était mort...

De Lavry éclata de rire. Brestois, n'ayant
jamais quitté l'escadre de la Manche que pour
être détaché au ministère, à Paris, Toulon
l'étonnait toujours, par sa vie d'un orienta-

lisme bâtard, ses mœurs lâchées et ses cireuses de bottes, dont la corporation sert de berceau et d'invalides à ses filles galantes. Le lieutenant de vaisseau jouissait de ses étonnements.

— Chaboul, poursuivit-il, racontait ensuite la vie entière, dix ans durant, de notre amie, et en venait enfin à sa débâcle de l'année dernière. Son collage avec un élève fourrier de la majorité qui la ruina, la déconfiture finale, tout y était, jusqu'au trait de génie par lequel Gabri se tira d'affaire : ses nuits lancées dans la circulation, sous forme d'effets à trente, soixante et quatre-vingt-dix jours !

— Et jamais de protêt ? interrogea le docteur, qui étant au courant de l'histoire, se bornait à sourire.

Gabrielle le regarda d'un air prodigieusement surpris.

— Té, pour qui me prenez-vous ? On fait honneur à sa signature !

Et, d'un geste comique, elle frappait son corsage pour affirmer son honnêteté commerciale.

— Ménage-les, ma fille! dit le docteur en lui retenant le poignet.

Il souriait toujours, l'air moqueur. Ce sourire, cependant, agaçait la Génoise. Elle s'emporta tout à coup : ces médecins étaient tous les mêmes; il n'y avait encore que les officiers véritables, les manœuvriers, pour être convenables envers les femmes. Pourquoi le docteur riait-il à son nez ? Il avait l'air de douter d'elle !

Et, sous le flux de ses paroles, on devinait une préoccupation chercheuse et ennuyée. Elle fouillait dans sa tête, voulant se rappeler quelque chose. Brusquement, elle tira Demange par le bras.

— J'ai trouvé! Ah ! pécaïre, c'est vous qui avez ma dernière traite ! c'est vous qui êtes venu, le mois passé, pendant que j'étais à Hyères, et qui avez dit à ma bonne : « Je suis un créancier!... » Ah! mon bon, c'est pour cela que vous vous moquiez ! mais rien n'est perdu ; je suis encore prête...

Lionel et de Lavry, mis en joie, bourraient

le docteur de tapes amicales. Le vilain sournois n'en faisait jamais d'autres ! Et de rire ! Mais Demange, silencieux, vidait son bock.

— Eh bé ! *pitchoun!* vous ne dites plus rien? Êtes-vous convaincu ? demanda Gabrielle triomphante.

Son triomphe fut court. Le médecin se leva et lui toucha l'épaule. Il retrouvait son accent et son bagou du quartier latin:

— Ma fille, tu parles d'or, déclara-t-il, et je voudrais être encore ton créancier ; par malheur, j'ai perdu ma créance, à l'écarté... en cinq sec... l'autre jour, à Gibraltar.

— Avec qui? un Anglais? un Espagnol? interrogea la Provençale.

— Non, la belle ! avec d'Altberg, un enseigne du bord.

Gabrielle demeura un instant atterrée; puis, elle s'informa. Il fallait qu'elle sût qui était ce d'Altberg et où elle le pourrait voir. Alors Demange donna des détails. D'Altberg était un gentil garçon, trop blond et très timide, un Alsacien effeuilleur de marguerites, qui ne jurait que lorsqu'il était gris. Si Gabrielle voulait s'exécuter, payer sa dette, elle devait le faire le soir même, et pour cela se rendre à bord, car d'Altberg était justement aux arrêts, et l'*Estafette* attendait son ordre de départ.

Lionel, comme second du bâtiment, voulut faire comprendre qu'il était impossible d'envoyer la Génoise rejoindre son créancier ; mais Demange lui signifia du regard que la plaisanterie était excellente, et, bientôt, les trois jeunes fous, ravis de leur idée, se trouvaient d'accord pour exciter l'amour-propre de la fille et l'amener à tenir ses engagements, sous peine de forfaiture commerciale.

Gabrielle, piquée au vif, ne tardait pas à consentir, et, riant aux éclats, les officiers se dirigèrent avec elle vers le carré du port.

La musique était terminée ; les rues se faisaient désertes. En route, on ne rencontra que quelques sous-officiers permissionnaires filant vers la caserne du Mourillon. Sur le carré du port, devant le bureau des Prises, comme l'animation renaissait, le groupe prit à droite, marchant au bord de l'eau, jusqu'à la *Patache*, pour ne point être vu des bazars et des cafés.

Des canots étaient amarrés tout le long du quai, les avirons rentrés et n'ayant chacun qu'un matelot dont la silhouette endormie dans l'ombre se devinait par un morceau de blouse, un bras, une tête, blanchissant, çà et là, le tapis noir parant l'arrière. Les autres canotiers étaient à boire dans les buvettes voisines. Comme il eût été, du reste, imprudent d'utiliser la baleinière de l'*Estafette*, Gabrielle et les trois marins s'arrêtèrent pour chercher une embarcation du commerce. A ce moment, un ivrogne vint les heurter en zigzaguant.

— Encore ce pochard de Martinot! fit le docteur.

— En personne!... Ah! pardon, excuse, m'sieu le major! grogna l'homme en reconnaissant ses chefs.

C'était un quartier-maître mécanicien de

l'aviso. Et le médecin l'admonesta paternel-
lement. Il n'y avait pas de bon sens de se
piquer le tube ainsi à chaque fois qu'il descendait à terre. Ce n'était pas une raison
parce que, renvoyé de l'école des Arts-et-
Métiers à la suite d'une brimade, il avait dû
s'engager comme simple mathurin, pour
lancer le manche après la cognée. Il ne rat-
traperait point ses anciens condisciples entrés
dans la flotte comme élèves-mécaniciens,
partant comme sous-officiers, en faisant des
noces bêtes qui, un beau jour, le condui-
raient en conseil de guerre. Déjà M. d'Altberg
lui avait sauvé la mise, mais il n'aurait pas
toujours la chance de tomber sur de pareils
officiers...

Au nom de l'enseigne, et sous l'indulgente
semonce du docteur, l'homme baissa la tête.
Il tortillait son béret entre ses mains, en assurant son équilibre dans un de ces dandinements par lesquels les gens de mer combattent
les effets du roulis.

— Tout de même, m'sieu le major, fit-il

de sa voix pâteuse, avec un accent de Parisien gouapeur, vous avez fichtrement raison et je suis une fichue fripouille... Mais n'ayez pas peur, je vais rentrer à bord et cuver ça dans mon hamac ! Il y a justement le patron du bousingot, là, à côté, qui va fréter son bachot pour aller coucher à la Seyne. J'y dis de me déposer en passant, et, ni vu ni connu, plus de Martinot à la dérive !

Il salua du pied et s'en fut en festonnant. Demange le suivait des yeux et riait ; mais quand il le vit accoster le maître d'une buvette et descendre avec lui dans une embarcation, il eut le geste joyeux d'un homme qui trouve une bonne idée. Il rappela le mécanicien.

— Puisque tu rentres, mon brave, lui dit-il, tu vas me faire le plaisir de conduire madame à bord ; tu la mèneras de ma part à M. d'Altberg.

Puis, il lui remit cent sous pour payer le « moko ». Le quartier-maître, enchanté d'être agréable à son chef, ne se le fit pas dire deux fois, et, se tortillant, se donnant des grâces, il tendit la main à la fille pour la faire sauter dans le canot. La Génoise vexée, mais digne, salua ses compagnons. On échangea, entre deux rires, un « au revoir » moqueur, et Martinot, debout à l'arrière, égratigna la bordure du quai avec sa gaffe.

— Avant partout ! commanda-t-il, fier comme Artaban, à l'unique pékin composant son équipe.

Dix minutes après, Gabrielle et lui étaient à bord de l'*Estafette*.

II

L'enseigne d'Altberg n'avait pas vu sans surprise une femme apparaître à la coupée, derrière Martinot ; mais son étonnement ne dura pas longtemps. Gabrielle s'était avancée vers lui, et, avant qu'il l'interrogeât, avait expliqué le motif de sa visite.

Tout de suite, l'officier se mit à rire : le second et le docteur n'en faisaient jamais d'autres ! Aussi bien, cela tombait à merveille Depuis longtemps, il était à jeun, le commandant l'ayant mis aux arrêts. Et il risqua quelques plaisanteries grivoises, mais d'une voix qui tremblait. Malgré l'obscurité, Gabrielle s'aperçut de son trouble et cela lui rendit immédiatement sa belle humeur. Elle prit le bras du marin. L'ombre la faisait plus désirable en effaçant les couleurs trop vives des rubans de son chapeau.

Une vague clarté, un bleuissement de lune, en sortant de dessous la passerelle, la frappa brusquement en plein visage : dans cette pâleur son teint mat de brune prit un charme transfigurant. La traversée avait mis en elle et autour d'elle une fraîcheur, et l'enseigne eut la brutale envie de rafraîchir ses lèvres sur ces joues blanches qu'il devinait savoureuses et froides.

Il rêvait quand elle était venue. Il rêvait un de ces rêves tendrement et bêtement banaux de jeune homme, que le marin et le soldat font parfois quand, seuls et tristes, ils dépouillent l'homme du métier, qu'ils sont entre eux ou en public. Il rêvait, l'Alsacien. Quoi? il ne le savait plus, il ne l'avait même jamais su. Quelque chose sans doute de naïvement idyllique, ou bien une de ces romanesques amours maritimes, à la La Landelle, dont les rares livres du bord avaient farci sa tête, depuis sa sortie du *Borda*. Une femme, en tous cas, une femme qui ne fût plus la gourgandine vulgaire, n'ayant ni cœur ni sens, par lui rencontrée dans tous les ports, et dont sa timidité haïssait le tutoiement familier et l'obscénité de commande.

Maintenant, tout cela s'envolait, bien loin, et il se grisait à humer le parfum fort qu'exhalait sa visiteuse. Décidément elle était jolie et son corsage avait des rondeurs provocantes. Il serra son bras davantage.

D'abord, ils montèrent sur la passerelle. De là-haut, assis, ou couchés plutôt sur des *rockingchairs* placés côte à côte, et dont les balancements, par moments, rapprochaient leurs deux têtes, ils causèrent, lentement, à mots perdus.

Gabrielle, l'œil vague, songeait. Elle se rappelait une heure pareille, il y avait long-

temps. Julien de Rilly, alors capitaine de
frégate, l'avait fait venir à l'*Amiral*, le ponton
à bord duquel il faisait sa prison, une punition
qu'elle lui avait valu. Sur la dunette, loin du
factionnaire, ils avaient passé un long moment à chuchoter à voix basse, sous les
étoiles. Même, elle avait cru qu'elle allait
l'aimer. A genoux, il la suppliait et pleurait
comme un enfant. Il voulait démissionner,
l'épouser, fuir avec elle. Et, faible, elle s'était
livrée.

Depuis cette époque, pendant dix années de
noce, elle n'avait pas, de nuit, remis les pieds
sur un navire, et ce souvenir lui revenait,
précis, à cette heure, à se se sentir, seule avec
l'enseigne, sur un pont désert, en pleine rade.
Il lui semblait avoir encore vingt ans. Elle
ôta son chapeau et ses gants : ses cheveux
soufflèrent un parfum plus doux. Puis sa main
tomba sur le bras du fauteuil mobile, montant
et descendant, suivant le balancement de son
corps, en faisant sonner ses porte-bonheur,
avec l'étincelante promenade des cercles d'or

réunis au poignet et le scintillement fugitif
des bagues.

D'Altberg héla un matelot de l'avant, et,
du carré, fit monter du café froid et de la
glace.

Il ne disait plus rien, et buvait à petits
coups, si ému qu'il ne voulait même plus
réfléchir. Il avait entendu parler de Gabrielle
par ses camarades, mais il ne se l'était pas
imaginée de la sorte. Véritablement, elle
n'avait point l'air d'une fille. A la voir ainsi,
blanche et silencieuse, il se demandait s'il ne
se trompait pas. Des timidités l'empoignaient,
et il ne cherchait point à ranimer la conversation mourante, de peur de voir s'envoler la
réalisation de ses rêves si soudainement, si à
propos venue.

Et la molle douceur de la nuit berçait ainsi
leurs pensées différentes. Derrière le Mourillon, la lune se cachait, mais son rayonne-
ment s'étendait, aurorant partout les côtes.
Bleuâtre, une clarté en tombait, donnant aux
mâts et aux cordages un relief laqué, tandis

que sous les étoiles dont la pâleur s'effaçait dans la splendeur lunaire, la mer sommeillait très lourde, sans un pli. A gauche, vers l'arsenal, elle était pareille à une moire, et, par places, à un lac d'encre de Chine ; à droite, vers le mouillage de l'escadre, son glacis reflétait un semis d'astres sans qu'un clapotis fît vaciller leur image tranquille, et, dans le grand calme de ce coin de rade, une torpeur s'épanchait, exquise à ne pas savoir si sa caresse montait de la mer, ou coulait de la sérénité du ciel.

Le marin était fait à cette voluptueuse lassitude, à cette tendresse vague qu'exhalent les belles nuits de Provence, mais jamais il n'en avait senti le charme aussi profondément. Cette femme à ses côtés se poétisait dans cette atmosphère amoureuse. Averti de sa venue, il l'eût attendue, et, à peine arrivée, jetée violemment sur son cadre pour la cosaquer bien vite et la renvoyer. Mais elle était tombée inopinément dans sa solitude recueillie, si à propos, et si belle qu'elle semblait la tentante personnification de son caprice. D'ailleurs, puisque l'illusion s'offrait à portée de ses lèvres, vivante sous ses yeux, il fallait qu'il en jouît, comme dans une aventure merveilleuse. Elle parlerait assez tôt pour que la magique chimère s'envolât ; le lendemain, il ferait du calcul intégral pour oublier sa confuse faiblesse, et, tout à l'heure même, quand, sous peine de passer pour un niais, il faudrait lui demander du plaisir, il ne se rappellerait plus, au premier contact de leur chair, le souhait passager d'intime et réelle passion, qu'il faisait malgré lui, dans le cadre superbe où le hasard plaçait leurs premières amours.

Elle parla. Ce fut après un haussement d'épaules, comme si elle s'était débattue contre des souvenirs inutiles.

— Vous avez mon billet ? demanda-t-elle.

Il se secoua, lui aussi, dans un sursaut, ne comprenant pas. Puis brusquement, la mémoire lui revint, avec une honte de son silence et de sa timidité. Il ouvrit son portefeuille et en sortit le papier. Mais Gabrielle ne se pressait

point de le prendre et de se lever. Elle attira
tout à coup l'officier plus près d'elle, et, fermant les yeux, lui tendit les lèvres, furieusement.

D'Altberg sentit un frisson courir de ses
talons à sa nuque, sous la chaleur de ce baiser. Bientôt, une étrange surprise lui vint, et,
renonçant à comprendre pourquoi cette fille
blasée et corrompue qui l'avait à peine regardé,
mêlait, en l'étreignant, à sa lascivité profes_
sionnelle, les ardeurs des vierges de sa race
pâmées aux bras de leur premier amant, il
regretta d'avoir, par sa sentimentalité, retardé
son inouï bonheur.

Et l'œil luisant, la bouche sèche, il l'entraîna, plutôt qu'il ne la conduisit, jusqu'à sa
cabine.

III

Il était cinq heures du matin, et de Lavry, du haut de la passerelle, surveillait en bâillant le briquage de pont, quand le timonier de service s'approcha de lui.

— Capitaine ! v'là la baleinière du commandant !

L'officier eut un haut-le-corps de surprise, et les matelots eux-mêmes, pieds nus dans le ruissellement d'eau dont ils inondaient le pont, uspendirent leur travail et demeurèrent les faubert à la main et le nez en l'air, avec un étonnement de mauvaise humeur. Un chuchotement courut. Que diable le vieux pince-sans-rire pouvait-il venir faire à bord à pareille heure ? Pour sûr, il allait retourner du nouveau !

Cependant le doute n'était pas possible. C'était bien la baleinière du commandant qui sortait du port et gouvernait droit sur l'*Esta-fette*. Assis à l'arrière, avec un tas de papiers sur ses genoux, le vieux capitaine de frégate, celui que l'équipage appelait Pince-sans-rire, tenait les tire-veilles, et, à en juger au mouvement de sa tête, semblait gourmander ses nageurs.

— Prévenez M. Lionel, ordonna l'enseigne au timonier.

L'homme descendit quatre à quatre en faisant sonner l'escalier ferré. Deux minutes après, il remontait, et, presque aussitôt, s'écriait en saisissant sa longue-vue :

— Capitaine, v'là qu'on signale de la *Provençale !*

De Lavry tourna la tête et regarda à l'entrée de la rade le vieux stationnaire. Des pavillons de signaux montaient à sa corne. Le marin reconnut le numéro de son bâtiment ; mais comme il ordonnait de hisser en réponse l' « aperçu »; une main lui tapa sur l'épaule, et il vit d'Altberg pâle, égaré, les vêtements en désordre, si ému, qu'il se tenait au bastingage pour ne point tomber.

— Mais, nom de Dieu, qu'as-tu donc ? demanda le jeune officier.

— Ah ! ce que j'ai... balbutia l'Alsacien... j'ai que j'ai entendu prévenir le second de l'arrivée du grand chef !.... j'ai que je me réveille à l'instant et que je suis foutu par ta faute... j'ai que Gabrielle est encore chez moi !...

Il n'acheva pas. Le commandant apparaissait à la coupée. Il s'enfuit.

Le capitaine de frégate ne rentrait pas à son bord sans motif. Tout de suite, il réunit ses officiers. D'Altberg dut paraître avec ses camarades. Il se contenait pour cacher son trouble, et furtivement, derrière Demange, il boutonnait sa redingote et rajustait sa cravate.

— Messieurs, fit le commandant, avant l'aube j'étais mandé à la Préfecture. Notre départ est avancé de vingt-quatre heures ; il est arrivé des dépêches de Paris cette nuit. Nous quittons le mouillage dans quelques heures. Destination inconnue. J'ai des instructions cachetées que je ne dois ouvrir qu'au large.

Impassibles, les officiers s'inclinèrent.

— Monsieur Lionel, continua le commandant en se tournant vers le jeune homme, tout le monde est-il à bord ?

— Tout le monde.

— Très bien ! faites tout parer pour le départ. Nous larguerons nos dernières amarres dès que la *Provençale* le télégraphiera.

La porte du carré s'ouvrit et de Lavry parut. A son tour, il était pâle et il ne put s'empêcher de jeter en passant un coup d'œil à d'Altberg,

—Commandant, annonça-t-il, le stationnaire signale d'avoir à quitter la rade à neuf heures.

— Alors, monsieur, je vais dans un instant tout inspecter à bord.

Et Pince-sans-rire se leva. Les officiers se retirèrent en saluant.

A la porte, l'Alsacien les prit à part. Sans leur faire de reproches, il raconta ce qui lui arrivait : Gabrielle et lui ne s'étaient endormis qu'au jour et s'étaient oubliés. Elle était encore sur son cadre !

Désolés, les marins se regardaient. Le cas était grave. Il s'agissait à présent de renvoyer la Génoise avant que le commandant commençât son inspection. Chacun proposa son plan. On s'en tint finalement à faire revêtir à Gabrielle des vêtements de matelot et à la descendre à terre par le premier canot qui quitterait le bord.

D'Altberg se crut sauvé, et il courait déjà à sa chambre quand on vint appeler de Lavry. C'était encore le commandant.

Il donnait, cette fois, l'ordre de rentrer toutes les embarcations et de retirer les échelles.

Le sifflet du maître d'équipage susurra longuement, et, en cinq minutes, l'aviso, tous ses canots hissés sur leurs pistolets, se trouva sans virer de place, aussi isolé de la terre que s'il eût été à courir des bordées au large. D'Alt-berg eut peur de s'affaler sur le pont. Il s'ac-cota au bastingage, et, l'œil fixe, grinçant des dents, il regarda se faire la manœuvre. Quand le dernier you-you surgit de l'eau, pleurant une pluie plus fine à mesure qu'il montait le long des flancs de l'*Estafette*, il eut un cri de rage : il lui semblait que c'était son épaulette qu'on lui arrachait ainsi, à force de bras, vio-lemment.

IV

Flanqué de son petit état-major, le comman
dant avait commencé son inspection. Lentement, avec des allures tatillonnes, de longs
examens minutieux, il allait à petits pas,
grognant parfois, ne souriant jamais.

Derrière lui, d'Altberg se mordait les poings.
Il lui avait été impossible de conserver Gabrielle dans sa chambre, et, depuis une heure,
affolée, la Génoise, conduite par Demange,
errait de cachette en cachette, de poste en poste,
passant de l'avant à l'arrière, de bâbord à

tribord, de la cale à l'entrepont, et remplissant l'aviso du flafla de ses jupons empesés qui, mal attachés dans la hâte de sa fuite, battaient à ses talons, s'accrochant parfois à des clous, dans des coins sombres.

Par moments, l'Alsacien croyait l'apercevoir devant lui, dans la batterie, au bout d'un couloir, dans les soutes. Alors, blanc comme un linge et sentant battre son cœur d'une telle affre qu'il lui semblait qu'on allait en voir les sursauts sous sa redingote, il arrêtait le commandant, s'ingéniant, pour retarder sa marche, à éveiller son attention sur un détail, et ne réussissant qu'à attirer à ses camarades et à lui-même une observation sèche, un reproche pour des négligences d'entretien.

A l'infirmerie, il insista pour lui montrer un novice qui, disait-il, était trop indisposé pour rester à bord. Il serait nécessaire, peut-être, de le débarquer et de l'envoyer à Saint-Mandrier.

Et un espoir fugitif venait au malheureux. En descendant le matelot à terre, on emmène.

rait Gabrielle. Il devenait pressant, chaleu-
reux, plaidant la cause du malade comme s'il
eût parlé de son fils. Le novice lui coulait un
regard d'ineffable reconnaissance, et, se faisant petit dans son hamac, il geignait, mis
en joie au fond à la pensée de quitter l'*Estafette*, pour aller à l'hôpital « tirer sa flème ».

Mais le commandant, les lèvres minces et
l'œil rageur, s'impatientait.

— Vous me fatiguez à la fin, monsieur !
cria-t-il. C'est l'affaire du docteur et non la
vôtre...

D'Altberg écrasé, et sentant à présent le rouge
venir à ses pommettes, baissa les yeux ; le novice eut une grimace d'un désappointement
navré, et l'état-major continua sa promenade.
L'intervention de l'enseigne n'eut d'autre ré-
sultat que de signaler au pince-sans-rire l'absence du médecin-major. Il l'envoya chercher
et lui fit des reproches aigres.

Maintenant, d'Altberg se sentait devenir fou.
N'étant plus guidée par Demange, Gabrielle
allait fatalement tomber entre les jambes du

commandant. Et tandis qu'il se représentait la scène de la rencontre, et, à la suite, sa comparution devant le conseil de discipline, le plancher se dérobait sous lui et les cloisons dansaient, comme par les gros temps, dans le roulis et le tangage.

Parfois, il essuyait la sueur qui roulait à grosses gouttes sur son front, et il avait le passager désir d'en finir tout de suite, pour ne plus souffrir pareille angoisse. Il souhaitait de voir la Génoise se faire surprendre.

Mais non, elle était invisible, et la lente tournée se continuait plus lentement. Il semblait à l'Alsacien que depuis deux heures il vaguait ainsi. A ce moment, Lionel lui aurait dit : « Tes cheveux ont blanchi », qu'il n'en aurait éprouvé aucune surprise. Le malheureux étouffait, et, comme un homme ivre, il titubait.

Enfin, on remonta sur le pont; mais là ce fut la revue de l'équipage qui arrêta la petite troupe, puis vint l'inspection des sacs. Le commandant compta les clous de plusieurs paires de souliers, feuilleta des livrets, vérifia des marques et fit appeler les numéros matricules des effets par le fourrier ordinaire.

D'Altberg eut, une minute, la tentation follement lancinante d'étrangler son chef et de le jeter par dessus bord.

A huit heures et demie, Pince-sans-rire avait enfin terminé et accordait la *double* aux matelots. Chacun prit immédiatement son poste pour l'appareillage.

La machine était sous pression ; sa cheminée crachait de lourdes volutes de fumée noire. Une trépidation secouait l'aviso. Il n'y avait plus qu'à attendre que la *Provençale* frappât le pavillon de partance sur l'ordre télégraphique de la préfecture maritime.

D'Altberg, terriblement calme, comptait les minutes. Encore un quart d'heure, et ce serait consommé. L'*Estafette*, n'étant pas à l'ancre, n'aurait qu'à larguer l'amarre la fixant à son corps-mort, on hisserait le foc et, lentement, on quitterait la rade. Hors la passe, on pousserait les feux, l'hélice ronflerait plus vite et, adieu va! au large! l'aviso foutrait le camp, emportant une catin! Nom de Dieu, c'était trop fort!...

L'enseigne sentit que tout tournait autour de lui. Il parlait et jurait à voix haute. Et, brusquement, il songea qu'il serait doux de se faire sauter le crâne. Alors, il descendit cher-cher son revolver

V

Cependant Gabrielle n'y tenait plus. Lasse de se contenir, devinant le départ prochain, n'ayant plus rien à ménager, elle criait à présent et menaçait de monter sur le pont pour se plaindre. Son masque correct de Génoise était méconnaissable, vieilli par une nuit d'amour et contracté par la colère.

C'est en vain que le docteur Demange essayait de la calmer. On la débarquerait en contrebande au Pirée, où, très probablement, on allait annoncer l'arrivée de la mission Thomassin. Elle n'avait qu'à patienter. De Grèce, les officiers la rapatrieraient, en la dédommageant amplement. Mais elle ne voulait rien entendre, et le médecin, qui perdait la tête, n'était d'ailleurs guère persuasif.

Et la fille éclatait en injures. Cet idiot de d'Altberg avait bien besoin de la garder! Qu'allait-elle devenir? Déjà, pariait-elle, sa maison devait être sens dessus dessous, et sa bonne à régaler des ouvriers de l'arsenal! Ce n'était pas un tour à faire que de mettre ainsi dedans une brave fille qui était venue de bonne volonté, pour l'honneur...

Se grisant au flot de ses paroles, elle haussait la voix, interpellant plus violemment, de minute en minute, le docteur ahuri.

Elle se fichait un peu de son d'Altberg et de ce qu'il pourrait bien attraper pour sa boulette! Il n'avait pas volé qu'on le traduisît devant un conseil de discipline et même devant un conseil de guerre. On le mettrait en retrait d'emploi et ce serait pain bénit! Avait-on vu agir de la sorte avec une femme?... Et elle, l'imbécile, elle ne lui avait seulement pas repris son billet!

Non content de ne pas lui avoir laissé fermer l'œil de la nuit, il ne lui avait même pas fait le moindre cadeau! Avec ça une cabine où tout manquait. Pas même d'eau!... Ah! les hommes! c'étaient tous de jolis mufles!... Et elle qui pour venir, pour faire honneur à sa signature, avait raté une affaire superbe, un rendez-vous avec un amant sérieux, le commandant du *Bolivar*, la frégate américaine en ce moment en rade!

Mais toujours l'idée de sa maison abandonnée, et sans doute mise au pillage par sa domestique, lui revenait obsédante.

Elle qui ne découchait jamais!... C'était vendredi, son jour d'*aïoli*... A cette heure elle se réveillerait pour commander son déjeuner!...

Et à sa colère de femme à qui l'on manque, à son chagrin d'être prisonnière à bord, se mêlaient amèrement le remords de son insomnie, le regret de sa faiblesse de la

veille. Elle avait cédé comme une pensionnaire, dans un regain de jeunesse, pour remonter ses souvenirs. Elle avait fait du senti-
ment: à présent elle avait les yeux tirés pour
vingt-quatre heures.

Le médecin voulut l'emmener. Elle refusa
et s'assit dans la cambuse parmi les tonneaux.
Elle ne bougerait plus de là. Il l'avait assez
promenée. Nom de Dieu! elle le connaissait
maintenant, son sacré sabot, mieux que
n'importe quel homme du bord. L'avait-elle
assez parcouru! sa robe et ses jupons en té-
moignaient. Ils avaient pris du charbon dans
les soutes, du cambouis aux machines, de la
peinture à la cale, de la graisse aux cuisines!
Elle était faite comme quatre sous. Sans
compter un lambeau de son cache-poussière
resté accroché à la culasse d'un canon revolver, et ses gants, oubliés dans le poste de
timonerie. Non! non! elle ne bougerait plus
de là. Et si, dans une demi-heure, on ne la
descendait pas à terre, elle gueulerait ferme.

Tant pis pour ceux qui s'étaient mis avec elle dans ce sale guêpier!

Comme elle bougonnait ainsi, laide à force de colère, d'Altberg arriva. Il cachait son revolver dans la poche de sa redingote.

— Eh bien? lui demanda Demange.

— Eh bien? nous partons parbleu!

Il ricanait, étrangement calme, l'air dur. Gabrielle se méprit à sa physionomie. Elle courut vers lui, hargneuse, féroce, et l'apostropha. Il la regardait, sans entendre tout d'abord. Une désillusion fondait dans son muet désespoir. Eh quoi! c'était là cette femme qu'il avait éperdument aimée, toute une nuit durant?

En un quart de seconde, il la revit délirante dans le triomphe de sa chair, et belle, et nue, superbe, folle d'amour. Il repassa les divines extases qu'il avait ressenties, la fête inouïe de ses yeux et de ses sens. Et c'était elle! elle! cette femme hagarde, aux injures grossières, au costume fripé, aux mains sales, dont les joues pendaient à présent sous les yeux battus, et dont l'haleine sentait mauvais ?

Il détourna la tête d'un geste douloureusement navré. Les yeux clos, il caressait toujours, dans sa poche, la crosse nickelée de son arme.

La Génoise sembla deviner son dégoût : ses insultes devinrent plus atrocement impudentes. A la fin, elle le souffleta. Alors d'Altberg ne se connut plus. Sa colère fit explosion et ses injures répondirent aux injures de la fille. Lui, l'homme du monde, l'officier distingué, descendit aux disputes ignobles qu'il avait entendues parfois dans les bouges. Seulement, il ne criait pas.

Le docteur intervint.

— C'est ça, hurla Gabrielle, toi aussi !

Et les écrasant d'un dernier et ignominieux sobriquet, elle ajouta :

— Ah ! vous étiez bien faits pour la marine !...

Ce fut le dernier coup. D'Altberg ferma les yeux, ses lèvres blanchirent, et il roula sur le plancher.

— Eh bien, quoi! capitaine, on est malade... Pardon, excuse, m'sieu le major, je
suis entré en entendant du bruit, croyant que
le cambusier avait bu un coup de trop...

Et Martinot, le quartier-maître mécanicien,
stupéfait, fit un pas en arrière. Gabrielle sortait
de l'ombre et se penchait sur le corps de l'enseigne. Cette femme dans la soute, son
officier évanoui, le docteur s'arrachant les
cheveux, tout ce drame subit interloqua le
matelot. Il bégayait, si surpris qu'il resta
un moment avant de songer à relever d'Altberg.

Enfin, aidé par le docteur et la Génoise, il
le redressa et l'assit sur une caisse de biscuit.
M. Demange avait trouvé de l'eau-de-vie et
frictionnait les tempes de son camarade. En
même temps, Gabrielle lui tapotait dans les
mains et l'embrassait sur les yeux en balbutiant des mots entrecoupés :

— Mon chéri! mon pauvre chéri!...

L'Alsacien demeurait insensible.

— Mon vieux Martinot! s'écria le médecin

à bout de forces, nous sommes foutus!...

Alors quelques mots de la fille mirent le mécanicien au courant. Tout de suite, il jura :

— Nom de Dieu! major, et vous n'avez pas pensé à moi! Vous croyez que je vas laisser dans la mélasse l'officier qui m'a sauvé du conseil?... Ah! non, par exemple! faut compter avec Bibi! nous ne partirons pas, quand je devrais casser l'arbre de couche avec mes dents!...

Et le brave homme dévala par une écoutille.

VI

Il était neuf heures moins cinq. Sur la passe-relle, Pince-sans-rire et le second regardaient la *Provençale*, attendant que le pavillon parût.

— Sommes-nous sous pression? demanda le commandant.

— Oui, répondit Lionel.

Au même instant, le second maître méca-nicien sauta sur l'échelle. On ne pouvait pas partir. il ne répondait plus de sa machine. Et, en quelques mots, il expliqua qu'un acci-dent venait de se produire à la minute.

Le commandant lâcha un « tonnerre de Dieu »! formidable. Puis, il ordonna au timonier de signaler au stationnaire qu'une subite avarie dans la machine immobilisait l'aviso. En même temps, il fit signe de la main pour que le maître de manœuvre descendît sa baleinière,

Un quart d'heure après, le capitaine de frégate quittait l'*Estafette* pour se rendre à la Préfecture ; mais il n'était pas encore à terre que la yole du second se détachait à son tour de l'aviso : elle emportait Gabrielle.

Jamais la Génoise ne revint.

Aujourd'hui encore, quand un ami lui propose une promenade en mer ou une visite à un bâtiment, elle rabroue le galant de jolie façon :

— Plus souvent, crie-t-elle, que je vais quitter le plancher des vaches pour une de vos sales coquilles de noix !...

IV

LA TOMBE BLEUE

A Maître Cléry.

I

C'est à la pointe de l'aube que j'aimais voir l'île Royale (1). Assis au bout de la jetée, j'ai passé de douces heures à contempler son réveil.

Les dernières lucioles s'éteignaient, brodant de capricieuses lueurs sa masse obscure encore. Lentement, elle se dégageait de

(1) Les îles du Salut, où se passe ce récit, sont trois îlots pittoresques perdus en pleine mer, à quelques milles de Cayenne. L'île Royale renferme un pénitencier peuplé surtout de condamnés provenant de

l'ombre et, avec des gradations infinies, passait par toute la gamme du vert et de l'indigo. Comme la Vénus classique surgissant de sa couche d'écume, elle semblait mirer les phosphorescences de son humide chevelure dans une ceinture de flots amis. Peu à peu, les teintes roses de l'horizon s'accentuaient et, derrière ce rideau transparent, le soleil émergeait, dans le calme du ciel et de l'eau. Il montait lentement, caressant et dorant, un à un, comme un amant jaloux, tous les trésors de sa maîtresse. Sous ses baisers enflammés, le réveil se faisait général. Les grands cocotiers flexibles, les manguiers touffus fré-

l'Algérie et de nos diverses colonies : Antilles, Indes, Cochinchine, Réunion... L'île du Diable, réservée jadis aux déportés politiques, est aujourd'hui déserte. L'île Saint-Joseph, enfin, reçoit les invalides et les nombreux aliénés des bagnes de la Guyane. On y remarque le cimetière du personnel libre, où reposent de nombreux soldats victimes de la fièvre jaune. Le peu de profondeur de la couche de terre végétale qui recouvre le rocher a interdit la création d'un autre cimetière spécial aux transportés. Les détails qui suivent sont d'une rigoureuse exactitude.

missaient, tamisant la lumière au-dessus des toits en bardeaux. Tout s'éclairait, tout devenait net. Les arêtes des rochers s'enlevaient vivement, roses ou grises, sur les masses verdoyantes et, plaquant, sur ce fond sombre et velouté, leurs sillons dont la teinte argileuse s'était ravivée sous la rosée de la nuit, les sentiers ruisselaient du plateau comme des colliers de corail et dévalaient, en cascades, dans la mer.

A ce moment, les flots étaient encore calmes ; ils pressaient de molles étreintes, avec d'imperceptibles murmures, les flancs de pierre de leur reine et, dans cette langoureuse paresse du réveil, la fraîcheur exquise du matin était comme une autre caresse.

Ce sourire de l'aube s'éteignait vite.

Les nuages blancs parus avec l'aurore s'éparpillaient dans le ciel, en flocons cotonneux. Sous ce vol, la mer se marbrait d'îlots d'ombres flottantes. Le soleil, cependant, s'élevait toujours, allumant, sur son passage, des aigrettes de diamants qui couraient, comme d'éblouissants feux follets, sur la pointe des vagues. Soudain, entre la jetée et l'extrémité ouest de l'île, dans la baie jusqu'alors obscure, un scintillement immense éclatait. Le tremblotement de l'eau faisait chatoyer ce lac de lave, et l'embrasement de cette nappe ardente où se mirait le soleil brûlait les yeux. C'était grand jour !

Au réveil de l'île et des flots, celui de l'homme allait succéder : après les notes ailées et argentines de l'Angélus tintant dans l'air calme, les notes stridentes du clairon, puis le sourd ronflement du tambour et les longs bourdonnements de la cloche des ateliers.

Et les fenêtres des cases s'ouvraient, et les chants, les cris, les bruits, la vie recommençaient.

S'il y avait un navire en rade, j'attendais encore avant de remonter au plateau. Deux détonations pétillantes me surprenaient, deux éclairs pâlissant dans la grande clarté du golfe. Les clairons du bord « saluaient au drapeau » ; je me découvrais, ému, et je regardais monter le pavillon national qui, à la pomme du mât, déployait ses trois couleurs dans le ciel : j'étais heureux.

Au retour, ma joie s'en allait. Je croisais sur ma route les groupes de transportés que les surveillants conduisaient au travail et le « peloton de correction » où les condamnés traînaient, avec un bruit horrible, les lourds maillots de leur double chaîne. Je me souvenais alors. Pensif, je franchissais le seuil de cet enfer du Dante qu'une amère dérision a placé aux *îles du Salut*, bagne sinistre, serti dans l'Atlantique et se mirant, comme une douce villa italienne, dans les flots moirés. Je maudissais ce viol et je rentrais sans pouvoir chasser je ne sais quelle vision atroce d'un amas d'immondices étalant, cynique, sa souillure sur un écrin de velours bleu ?

II

Un matin, — peu de temps après mon arrivée aux îles — je rencontrai sur la jetée le
surveillant Kerven. C'était un brave et vieux
marin, pêcheur passionné, qu'on avait chargé
de la direction du port, et dont les récits pittoresques et le parler original m'avaient sé-
duit dès le premier jour.

Je m'arrêtai pour caresser son fils, gracieux
bambin qui, chargé de filets et de lignes,
gambadait à ses côtés. Mais, comme je le sou-
levais jusqu'à mes lèvres, le père, brusque-

ment, me toucha le bras. Du geste, il me montrait quelques hommes débouchant du sentier de la chapelle.

C'étaient quatre Arabes, portant sur leurs épaules un cercueil.

Ils descendaient lentement, causant entre eux. Aucun ne marchait au pas et, sur la pente rapide, le cercueil avait des secousses et des cahots horribles que faisaient sursauter son couvercle avec un bruit sec.

— Vous voyez ces condamnés, me dit Kerven, ce sont les plus heureux du pénitencier. Pour récompenser leur bonne conduite, on les a nommés *croque-morts*; mais ils cumulent tout comme des fonctionnaires français : ils sont également égouttiers et vidangeurs !

Je replaçai l'enfant à terre : la vue de ce cercueil sale et nu que ne suivait aucune prière, aucun chant, que n'accompagnaient aucun parent, aucun ami, m'avait désagréablement impressionné, par son contraste lugubre et malsonnant avec cette matinée paisible et fraîche, le long de ce sentier ombreux. Les détails que me donnait le surveillant, de son accent brestois où le traînement de certaines syllabes semblait un éternel ricanement, complétèrent cette triste impression.

Les quatre hommes étaient arrivés près de nous. Ils avaient jeté le cercueil sur le bord de l'appontement, et l'écume de la vague jaillissait sur le couvercle qui, à ma grande surprise, n'étaient pas cloué sur la bière.

Un des Bédouins s'avança, le bonnet à la main :

— Nous voilà, chef, quand tu voudras !

— Bien ! fit Kerven, et fixant, comme un porte-voix, ses deux mains à sa bouche, il poussa deux ou trois vigoureux hèlements.

Ses canotiers — des Arabes encore — sortirent de leur case, armèrent lestement une yole amarrée au quai et vinrent l'accoster à nos pieds.

— Venez, me dit mon compagnon, vous allez assister à de curieuses funérailles !

— Mais où allons-nous donc ? demandai-je
tout en m'appuyant sur le robuste marin
pour sauter dans l'embarcation... Enterre-t-on
les transportés à l'île Saint-Joseph, comme
nous ?

— Non, me répondit-il, vous allez découvrir leur cimetière. Allons ! hisse la « boîte »
à bâbord, Mohammed, et souquez dur, vous
autres ! Au retour, nous irons à la voile...

Alors je vis ceci :

Deux des « croque-morts », après avoir
enlevé et jeté sur le quai le couvercle, posèrent la « boîte » à l'arrière du canot, à nos
pieds, et je me sentis frissonner en y découvrant une forme humaine, ficelée dans une
toile d'emballage. Le cadavre sortait de l'amphithéâtre. La toile, mouillée par places, ver-
die, jaunie et ensanglantée sur la poitrine et
l'abdomen, indiquait une récente dissection.
Il sortait de cette masse déformée, où les contours de la tête et des pieds se distinguaient
seuls nettement, une odeur fade et âcre à la
fois qui me soulevait le cœur.

Cependant nous ne partions pas : Mohammed, le fossoyeur, en chef, avait oublié quelque chose et courait vers la jetée. Kerven, après un juron, l'attendait en causant avec son fils.

Le bambin avait dix ans et se croyait un « matelot fini ». Il suppliait son père de l'emmener. De sa petite main, il essayait de retenir le bordage de la yole. La brise agitait ses cheveux blonds, et je me reposais de l'horrible vue du cadavre en contemplant les yeux bleus et les joues roses de ce petit homme plein de vie et de santé.

— Papa, prends-moi avec toi ! faisait-il, tantôt mutin, tantôt câlin. Je serai bien sage et j'attraperai une belle tortue !

Et mon compagnon faisait la sourde oreille et lui ordonnait de rentrer au logis, mais d'un ton que l'enfant ne trouvait pas sans doute aussi solennel que d'ordinaire, car, tout à coup, prenant son élan, il sauta dans l'embarcation, en faisant chanceler le cercueil.

Kerven embrassa le gamin sur les deux

joues et le souleva, comme une plume, pour le remettre à terre. L'espiègle se débattait et ses pieds, s'appuyant sur le cadavre, creu-sèrent dans la toile humide deux petites cavités...

Je frissonnai et je fermai les yeux. Lorsque je les rouvris, l'enfant était déjà sur le quai, pleurant et trépignant: le père n'avait rien vu. Mohammed, portant un gros moellon, prenait place à côté du corps.

— Pousse ! fit Kerven. Avant partout !

La griffe grinça sur les pierres, les avirons s'abattirent et nous filâmes.

Nous avions vent debout. La mer faisait la boudeuse et la yole dansait comme un bou-chon.

J'avais encore le pied peu marin, et, en me cramponnant au bordage, je faillis, deux ou trois fois, tomber sur le cercueil.

Mon guide fumait silencieux, en se penchant sur la barre.

Tout à coup, comme le glas sonnait à la chapelle, du doigt il me montra la baie.

J'abritai mes yeux de ma main, et, dans le renfoncement ensoleillé de la côte que dominaient le plateau ouest et le clocher, je vis, sur les flots plus calmes, de grandes rides circulaires. Et à mon regard interrogateur Mohammed répondit, avec un joyeux rire :

— La vermine a entendu la cloche, elle s'impatiente !...

Je n'en demandai pas davantage. Mohammed avait entouré son moellon d'une corde qu'il avait attachée aux jambes du cadavre dont les pieds pendaient en dehors du cercueil et parfois du canot, quand nous penchions à bâbord, et je suivais machinalement leur sillage dans l'eau azurée, tandis que le fossoyeur donnait, dans un mélange d'arabe et de français, des détails sur le défunt aux canotiers curieux.

— C'est Richard ! faisait-il ; c'est bien son tour ! Depuis vingt ans, il était garçon de l'amphithéâtre !... Avant-hier, j'allai lui demander mes deux douros — une vieille dette, — il me les remit tout de suite ; mais, comme je par-

tais, il frappa de la main sa grande table.
« Tu y viendras, fit-il, l'Arbi ! Tu y viendras !
Je te découperai comme les autres !... » Ah !
chien de roumi ! s'il avait été seul, comme je
lui aurais fendu la tête !...

Deux heures après, la fièvre jaune le prenait et nous le portions à l'hôpital. Il y mou-
rut en arrivant, le vilain petit vieux ! Ce matin, quand le docteur l'a eu fini, j'entrai dans
l'amphithéâtre. Il était là, ouvert à son tour.
Son chien, moucheté de son sang, hurlait en
le regardant, la tête appuyée sur le bord de la
table... Ah ! ah ! Ben Yalouf, m'écriai-je, en
soulevant le vieux roumi par les cheveux, t'y
voilà donc ! — et je lui crachai par deux fois
au visage !...

Je frissonnai, je l'avoue, en écoutant ce sinistre récit.

Kerven fumait impassible en gourmandant
ses canotiers.

Mohammed, après avoir soulevé à demi
la « boîte » et penché de côté le cadavre, continua :

— Il avait enfoui plus de cent douros sous la première dalle de la porte, le vieux boucher ! Il gagnait tant d'argent ! Quand l'amphithéâtre était vide, il allait à la pêche et il y était toujours heureux!...

Puis, l'Arabe, employant sa langue maternelle, ajouta à mi-voix :

— Oh ! si le commandant et les Français de l'état-major avaient su comment il amorçait ses lignes, ils n'auraient pas acheté son poisson !...

Et plus bas encore :

— Quand le médecin avait fini, il volait toujours un morceau du cadavre... Ah ! les mâchoirons et les congres mordaient bien !

Lorsque, sur ma demande, Kerven m'eut traduit ces derniers mots, je dus pâlir davantage encore.

— Aimez-vous toujours autant la Guyane ? me demanda-t-il, du ton narquois d'un homme qui en a vu et entendu bien d'autres.

Je ne répondis pas, et il donna un ordre : le canot avança plus lentement. Nous entrions dans la baie où les flots, à l'abri du vent, étaient plus calmes qu'au large.

Les rides circulaires que j'avais découvertes au départ étaient plus nombreuses. Le glas sonnait toujours. — Elles s'avançaient vers nous.

— La sale vermine ! s'écria Kerven, qui, sentant se réveiller ses instincts de pêcheur, cherchait machinalement son harpon sous les bancs... Attends ! tu vas avoir ta ration, charogne !

Puis, se tournant vers moi :

— Nous sommes arrivés ! fit-il, et, avec un sourire sceptique : Ici, la mer est bénie par l'aumônier du bagne. — Du doigt, il me montrait la maison du prêtre qui dominait ce coin chrétien de l'Océan. — Vous allez voir nos fossoyeurs !

Alors, il leva la main, et les avirons rentrèrent avec bruit. La yole demeura presque immobile.

— Allons, hardi ! Mohammed ! chavire la boîte !

L'Arabe était déjà debout, l'œil plein d'une joie féroce. Au lieu de faire basculer le cercueil, le vigoureux Kabyle saisit le cadavre, d'une main par le cou, de l'autre par les jambes, puis, soulevant en l'air ce ballot, ce mannequin horrible, le géant, avec un éclat de rire haineux, le brandit devant ses camarades !

— Mouille donc, tonnerre de Dieu ! hurla Kerven, le marabout noir nous regarde des fenêtres du presbytère !... Mouille !

L'Arabe ouvrit les mains en se penchant.

Le corps tomba.

Je ne vis rien d'abord qu'un bouillonnement qui fit trembler le canot. On aurait dit qu'il se livrait une bataille au fond de la mer.

Quelques bulles d'air vinrent crever à la surface. Des ailerons dardèrent leurs pointes dans le clapotement écumeux ; l'eau se teignit de sang et j'aperçus, comme des éclairs d'acier, les ventres irisés des horribles squales ; puis, le flot redevint pur et la baie se fit déserte en apparence.

Mohammed, assis sur le cercueil, regardait, l'œil dilaté...

— Allons, mâtez! commanda Kerven.

Nous nous éloignâmes, la brise gonflant notre voile latine et nous poussant vers le port.

II

C'était plaisir de se sentir emporter ainsi!
La yole volait comme une mouette avec sa
toile éblouissante sous le soleil. La mer était
superbe, la brise fraîche. De grands vols de
flamants rouges, venant des côtes de Kourou,
mettaient comme des taches de sang sur l'azur
du ciel... mais, brisé, je fermais par instants
les yeux, pour ne rien voir!

Kerven, la barre en main, sifflait un air
breton ou me parlait de son fils. Nous accos-
tâmes.

— Où est le gars? demanda-t-il au factionnaire.

— Coucou! répondit une voix; et le vieux
loup de mer, comme un enfant lui-même, se
mit à la recherche du bambin.

Soudain, le couvercle du cercueil resté sur
la grève se souleva, et nous vîmes apparaître,
sous le bois blanc, la tête blonde et rieuse de
l'enfant.

Kerven l'embrassa et le jucha joyeux sur
son épaule; puis, se tournant vers moi —
j'étais tout pâle encore :

— Venez donc, dit-il, goûter mon vieux
rhum de Mana. Cela vous remettra!...

Et avec un petit sourire de pitié :

— Décidément, sergent, vous n'avez pas le
pied marin.

Saint-Laurent du Maroni, avril 1879.

V

UNE ÉVASION

Au commandant Ernest Fournier.

I

Dès le lendemain de mon arrivée aux îles du Salut — en juillet 1878 — j'avais, pendant une partie de pêche, fait la connaissance du surveillant Kerven, et, malgré le peu de sympathie que m'inspirait son uniforme, nous n'avions pas tardé à nouer ensemble les plus cordiales relations.

Durant mes longues nuits de garde sur le port, j'aimais à le faire asseoir près de moi, sous les cocotiers, et à lui entendre raconter ses nombreuses campagnes, ou d'émouvantes histoires d'évasions qu'il narrait d'une façon pittoresque et originale.

Kerven était un ancien second-maître canonnier. Depuis l'âge de sept ans, il avait navigué, *bourlingué*, disait-il avec son inimitable accent brestois. Il avait pris part à toutes les campagnes du second Empire ; aussi, quand, par le plus grand des hasards, on obtenait qu'il endossât la tunique d'ordonnance pour se rendre chez le commandant du pénitencier, étalait-il sur sa poitrine toute une collection de médailles, sa « mitraille », comme il l'appelait. En dehors de ces solennelles occasions, le vieux marin réduisait son costume à la plus stricte simplicité. Un pantalon de toile bleue, retroussé jusqu'aux genoux, une chemise de flanelle dépoitraillée, un képi — un simple képi qu'il portait sur la nuque, sans plus se soucier des insolations, sous cette latitude torride, qu'il ne s'en occupait à Brest, en décembre — composaient sa tenue ordinaire. Il avait, enfin, les jambes et les pieds nus, en tout temps, comme les nègres. Mais, sous cet accoutrement primitif, quel bon et brave Breton! Et, sous ce képi de garde-chiourme, quel loyal et sympathique visage!

Le soleil du Mexique, du Brésil, du Sénégal, du Japon, de la Cochinchine avait bronzé sa peau d'une teinte de brique. Toutes les émotions de la rade se reflétaient dans ses yeux. Tantôt voilés légèrement et calmes, tantôt scintillants et mobiles, ils changeaient de couleur comme la vague, et, le front largement découvert, les narines frémissantes, complétaient cette rude et honnête physionomie.

A cette époque, mon enthousiasme pour la mer et les marins était à ses débuts. Kerven, m'apparaissant comme un héros de Jules Verne ou de Boussenard, m'inspirait une confiance illimitée. Avec lui, j'aurais été au bout du monde; et je n'étais pas le seul : avant de partir pour son exploration des mystérieuses frontières de la Guyane, le docteur Creveaux l'avait, mais vainement, demandé comme compagnon à l'administration pénitentiaire·

Brave Kerven! C'était plaisir de le voir, sa pipe de bruyère aux lèvres, descendant le quai avec cette indéfinissable allure qu'a le marin à terre! Il sautait dans sa yole et, debout à l'arrière, la barre entre ses jambes, commandait son : « Avant partout! » joyeux, à pleine voix. Les avirons s'abattaient ensemble comme de grandes ailes; le canot filait rapide, et, du poste, je suivais, jusqu'à ce qu'elle disparût derrière la jetée, sa puissante carrure se profilant sur le ciel.

Il aimait la mer avec passion. La *grande bleue*, comme disait George Sand, n'avait pas d'amant plus fidèle. Surveillant du port, il était en cette qualité chargé de conduire les corvées journalières d'une île à l'autre et d'accoster les navires arrivant au mouillage. Aussi le voyait-on, du matin au soir, sillonner la rade avec son équipage de Bédouins dont il avait fait d'infatigables et d'habiles rameurs.

Le temps qu'il ne consacrait pas au service, il le donnait à la pêche. Quand dormait-il?

Je ne sais. Toute la nuit, on l'apercevait, la fouane ou le harpon d'une main. le fanal de l'autre, quêter, fureter, seul avec sa grande chienne, tout le long des rochers. Au retour, il m'appelait, — ses yeux pétillaient — et je ne tardais pas à découvrir quelque immense tortue, quelque *vieille*, quelque *mâchoiron* énormes capturés par lui.

Cependant, tout surveillant qu'il était, ce grand pêcheur devant Dieu ne punissait jamais les transportés dont il avait fait ses canotiers. Pour un manquement, pour une maladresse, il les regardait seulement, sans mot dire, ou avec un formidable juron, et, sous cet œil perçant dont ils sentaient planer le regard sur eux, les robustes et solides Arabes tremblaient et, se faisant petits, se courbaient sur leurs avirons arrondis sous l'effort. Quelquefois, la colère était plus violente : il y avait récidive, ou bien encore, des officiers ou des collègues le regardant accoster, ses matelots faisaient une fausse manœuvre ; alors, Kerven, mâchonnant en furieux le tuyau de sa pipe, détachait la barre du gouvernail et la lançait au milieu des nageurs. Il y avait des bosses, des contusions, des clameurs étouffées, puis le silence. Un des coupables ou le coupable rapportait au « chef » la barre, rattrapée souvent au vol, et, si le maître n'avait pas alors entièrement exhalé sa colère en imprécations toutes maritimes, il envoyait à son banc, d'un coup de poing magistral, le commissionnaire ahuri. Ses hommes l'adoraient pourtant, car il était juste et, *une fois à terre*, plus doux et plus patient que les meilleurs de ses collègues. Il abandonnait aux canotiers, pour qu'ils le vendissent à leur profit, tout le poisson qu'il n'envoyait pas au commandant ou au mess, et, en toutes occasions, leur venait en aide, les traitant en matelots, non en forçats.

Or, depuis qu'il occupait son poste, nulle évasion ne s'était produite, — dans les canots de l'État du moins. Le marin en était fier et se laissait aller parfois à s'en vanter.

— Prenez garde, lui disaient ses collègues,

votre imprudence vous portera malheur ! Vous n'avez, en fait d'armes, que votre mauvais couteau de gabier. Pourquoi laisser rouiller votre revolver ?

Et à ces sages paroles, Kerven, découvrant dans un joyeux éclat de rire ses dents noircies et usées par la pipe, retroussait sa manche et montrait à ses auditeurs son bras poilu et tatoué où les muscles s'entrelaçaient comme de grosses cordes.

Le Breton en avait bien vu d'autres ! Ses deux contre-maîtres français ne s'étaient-ils pas avisés, pendant sa courte sieste quotidienne, de se ménager un véritable atelier au milieu des briquettes de houille, dans le parc à charbon ?

Là, ils travaillaient, chaque jour et sans bruit, à construire une embarcation. Le bois, ils le volaient aux chantiers ; les voiles, ils les confectionnaient avec des draps enlevés à la buanderie de l'hôpital, et la besogne avançait lentement, mais sûrement.

Lorsque les deux forçats jugeaient que le

réveil du maître approchait, ils couraient se jeter sur leur hamac, dans la case voisine de la sienne et réservée aux canotiers. Mais, un jour, Kerven flaira quelque chose. Il feignit de dormir, puis se leva en silence, constata l'absence des deux hommes et se mit à leur recherche. Sa chienne le mena au parc et tomba en arrêt au pied d'une redoute de charbon. Le marin se frotta les mains ; contenant un petit rire nerveux, il disjoignit délicatement deux briquettes et contempla, sans ouvrir la bouche, l'atelier improvisé.

D'un coup d'œil, il jugea qu'en huit jours l'embarcation serait terminée, et que, dans dix, profitant de la nouvelle lune, les deux hommes disparaîtraient, — puis, il rentra chez lui. Sans communiquer à qui que ce fût sa précieuse découverte, il continua sa vie habituelle.

Le huitième jour, comme les deux ouvriers terminaient, tout joyeux, leur ouvrage, le mur de charbon s'éboula et, dans un nuage de poussière noire, ils virent apparaître la face riante et moqueuse du redouté Kerven. Ils demeurèrent immobiles, sans voix.

Le tuer, c'était se condamner à l'extradition à leur arrivée à Demerari (1) ; se sauver, c'était, sur cet îlot, chose impossible.

Cependant, le maître tournait et retournait autour de la barque qui avait coûté aux malheureux tant de soins, tant d'efforts, tant de ruses ! Il allait lentement, critiquant et approuvant en homme du métier. Quand il eut tout examiné, il se tourna vers les deux condamnés anéantis :

— Ce n'est pas mal, ricana-t-il. Vous êtes de bons ouvriers. Mais ce qui est mal et fort mal, c'est de vouloir ainsi brûler la politesse au père Kerven. Vous êtes des ingrats !

Et, ce disant, le marin prit chacun des deux hommes par un bras et les conduisit

(1) Chef-lieu de la Guyane anglaise et refuge ordinaire des condamnés évadés. Nos voisins ne consentent à l'extradition de nos forçats que s'il leur est prouvé qu'ils ont commis un meurtre avant de s'échapper.

au blockhaus. Puis, il fit débiter l'embarcation pour l'usage des cuisines.

Quant à faire traduire les deux contre-
maîtres en conseil de guerre, le brave Breton
n'y songea même pas.

II

Un jour — c'était au commencement de
mars 1879 — Kerven, son service terminé,
fit armer la grande chaloupe et embarquer
ses filets et ses harpons. Son équipage se
composait de seize Arabes — ses canotiers
ordinaires — et d'un contre-maître français,
un des héros du parc à charbon. A dix heures,
il sortit de sa case, dans son costume habi-
tuel, un panier d'amorces à la main, et sauta
dans son canot. Les hommes en bras de chemise avaient déposé leur vareuse près d'eux

sur les bancs. Chacune couvrait un pain. A
l'arrière, on voyait une énorme cruche d'eau;
mais, à chaque partie de pêche, les nageurs
l'emportaient et Kerven n'y prit point garde.
Il alluma sa pipe, et, profitant d'une jolie
risée, fit mâter l'embarcation qui, inclinée
à bâbord au ras de ses dalots, ses voiles
blanches s'arrondissant sur les écoutes bien
tendues, s'élança dans le goulet comme une
mouette.

Longtemps, on put, du plateau supérieur
de l'île Royale, apercevoir le surveillant,
tantôt ancrant son canot, tantôt s'éloignant
en jetant ses filets et ses lignes. Puis, il
disparut derrière l'île du Diable et on ne le
revit plus.

La journée s'écoula, la nuit vint, et, se
rappelant que jamais le marin n'était resté
aussi longtemps absent, ses camarades répan-
dirent partout l'alarme.

A dix heures du soir, tout le personnel libre
de l'île, groupé sur la jetée, échangeait ses
commentaires. Chacun regardait l'horizon,

chacun croyait voir se profiler sur l'eau calme la silhouette et les voiles bien connues de l'embarcation, mais l'heure s'écoulait, les yeux fatigués clignotaient dans l'ombre et rien n'apparaissait.

Quand le jour revint, l'inquiétude était universelle. Le commandant du pénitencier, un capitaine d'infanterie de marine vieilli par vingt campagnes dans les colonies, tordait sa moustache, en piétinant rageusement, au milieu du quai. Quelques mots annamites, brefs, et sifflants, des jurons sans doute, lui échappaient par instants, et les surveillants qui vinrent, le képi à la main, lui faire leur rapport ordinaire, s'en allèrent avec leur carnet plus chargé de punitions que de coutume. Du poste on n'entendait que ces mots scandés avec colère et interrompant la lecture des libellés : « En augmentation : 8 jours de *courbaril* à Mahommed, — 15 jours de *retranchement* à Dufrêne. »

Midi sonna. Kerven n'était pas de retour, mais, à l'horizon, on voyait, vers le N.-N.-E., comme un nuage blanc tremblotant sur les flots. Bientôt, le guetteur du sémaphore, descendant en courant la rampe du plateau, sa longue-vue couchée comme un fusil sur son épaule, vint annoncer l'arrivée du vapeur de l'État, *le Sphinx.*

Une demi-heure après, abattant sa voilure d'un seul coup, l'aviso stoppait à cinq cents brasses du quai et le successeur de Kerven qui, pour la première fois, tremblait en saisissant la barre, se précipitait dans une yole et gouvernait sur le navire.

Quand le surveillant revint avec la poste, il ne dit qu'un mot :

— *Le Sphinx* arrive de Cayenne et n'a rien vu.

Alors, dans un formidable juron, le capitaine blasphéma toutes les divinités indo-chinoises et, sautant à son tour dans un canot, sans vouloir attendre qu'on dressât la tente et qu'on parât l'arrière, il se rendit à bord.

Du quai, on le vit gesticuler devant le commandant de l'aviso, grimper sur la passerelle, désigner de la main le goulet, puis, on entendit un coup de sifflet et *le Sphinx*, ralliant la jetée, mouilla sur bâbord. A un signe du capitaine, le peloton de correction descendit du plateau, avec un horrible bruit de chaînes, et, du parc à la jetée, les briquettes de houille commencèrent à courir de main en main, s'empilant avec fracas dans un chaland et, de là, dans les soutes du vapeur. Le vieux marsouin, de retour à terre, excitait les travailleurs qui suaient et soufflaient sous un soleil de feu.

Moins d'une heure après, la charge sonnant à bord, les matelots coururent au cabestan et, de la jetée, on vit, sur l'avant, tourner une ronde vertigineuse, un large cercle noir et blanc sur lequel s'enlevait comme une couronne bleue formée par les larges cols des marins. Dans l'air calme, on percevait les moindres bruits : le grincement des chaînes sur les parois ferrées de l'écubier et le martèlement sonore du pont par les pieds des hommes.

— Commandant! l'ancre est à pic! fit, en s'épongeant le front, le second à cheval sur le beaupré.

— Dérapez! répondit-on de la dunette, et l'ancre fixée à son poste, un dernier coup de sifflet retentit. Puis, *le Sphinx*, hissant son foc, s'éloigna de toute la vitesse de son hélice.

La marée était haute. Arrivé en face du goulet de l'île du Diable, le commandant prit la barre lui-même et, à la stupéfaction de tous, sans pilote, sans ralentir sa marche, il lança l'aviso dans la passe.

Les cœurs se serrèrent. Nous savions le chenal impraticable, semé d'écueils et de roches à fleur d'eau; mais quand, arrivé à l'extrémité, le *Sphinx* se couvrit de toile pour profiter de la brise, ce fut un hurrah gigantesque et des battements de mains insensés. « Voilà, disait-on, le deuxième officier qui tente le coup depuis 1852! Vive le Commandant! » Et, devant ce trait d'heureuse hardiesse, chacun reprit espérance :

— Le *Sphinx* fait treize nœuds à l'heure,

s'écriait l'un : il rattrapera le canot, fût-ce à un mille de Demerari!

— Et Kerven, faisait un autre, s'ils l'ont tué?

— Ils l'auront épargné pour ne pas être extradés.

Mais alors un nègre, un ancien canotier congédié, apparut, conduit par un surveillant. Le capitaine courut à lui et, lui broyant le bras, l'interrogea. Ses plus proches voisins entendirent le condamné répondre en balbutiant : *Contremaître français, tout préparé. Le chef l'avoir puni, li avoir juré se venger. Pas allé à Demerari, être rendu. Li aller accoster navire Brésil venu ici semaine dernière. Avoir payé capitaine. Li l'attendre devant Surinam!*

Alors, chacun trembla pour Kerven. On connaissait le contremaître, animal féroce mal dompté. On savait que si, allant à Demerari, il était incapable d'un crime qui l'aurait ramené au bagne, il n'en était pas de même s'il avait les moyens de gagner le Brésil, et le capitaine s'en alla, hochant la tête et murmurant : « Peut-être a-t-il menti pour entraîner les Bédouins dans sa fuite, mais s'il s'est réellement entendu avec l'Alvarez qui a mouillé son brick ici, il y a quinze jours, Kerven est flambé : le contremaître lui cassera la tête avant d'accoster le navire ! »

Ces paroles répétées dans le groupe d'officiers, de médecins, de soldats et d'employés qui encombraient la jetée, produisirent la plus triste impression. Le surveillant était aimé de tout le monde et, le cœur serré, on guetta le retour du *Sphinx*.

Quand il reparut le surlendemain, ce fut une désolation générale. Bon marcheur comme il était, il aurait pu rattraper la chaloupe, celle-ci eût-elle deux fois plus d'avance, et il n'avait rien trouvé. Il avait battu inutilement la mer sans que les longues-vues de bord découvrissent autre chose que les flots se moirant de teintes violettes sous l'ombre des nuages du ciel. Enfin, une tempête avait éclaté qui avait arrêté sa marche en avant.

Il était resté capeyant sous petite vapeur et couvert de signaux, dans l'espoir de recueillir les évadés. La précaution avait été inutile : les misérables avaient sans doute été engloutis.

Quelques jours se passèrent, et on pensa moins au pauvre Kerven, puis, au bout d'une semaine, on l'oublia.

III

Le Breton venait d'ancrer son canot derrière l'île du Diable et jetait à l'eau ses lignes
de fond, quand il se sentit soudainement en-
veloppé dans son grand filet. La surprise et la
colère lui arrachèrent un véritable hurlement.
Le contremaître qui l'avait saisi serra plus
fortement le câbleau et, en moins d'une seconde, le malheureux surveillant, réduit à
l'impuissance, fut amarré sous le banc de
l'arrière. Il mordait les mailles humides et se
mettait les joues en sang, ou cherchait à at=

teindre le couteau placé à sa ceinture, mais ces vains efforts l'épuisaient. Sa face congestionnée, ses yeux injectés faisaient peur aux Arabes qui, honteux, baissaient la tête.

Cependant le Français déblayait le canot. Les engins de pêche, harpons, filets et lignes, furent jetés à la mer sans respect, sans pitié, avec les beaux poissons nacrés qui frétillaient à l'avant, et, malgré sa rage folle, Kerven sentit une larme lui monter à la paupière en voyant ainsi détruire ce qu'il aimait le plus après ses deux enfants. Cette exécution faite, on leva l'ancre. Les Arabes mirent les voiles dehors et le contremaître s'assit à l'arrière, foulant presque du pied son maître détesté. Le canot fila rapide et disparut à l'horizon.

La nuit vint. Les forçats, las de manier l'aviron, prirent leur premier repas. Le prisonnier, qui se tordait dans ses liens comme un serpent, regardait, les yeux enflammés, l'eau fraîche et limpide, conservée à l'abri du soleil, qui, du goulot de la gargoulette indienne, tombait avec de joyeux glouglous dans le gosier des buveurs. Le malheureux était à jeun depuis la veille. En vain le Français voulut-il recommander à ses hommes la frugalité et leur expliquer que Surinam était loin, bien loin encore.

Les Kabyles riaient en montrant leurs dents blanches. On aurait cru des écoliers échappés. Cette première journée de liberté en pleine mer, sous le ciel bleu, les avait grisés. Ils abandonnèrent les voiles à la brise, posèrent leurs avirons, et, les jambes croisées, ils chantèrent dans la nuit étoilée. Le contre-maître lui-même, livrant ses cheveux au vent, se laissait aller à de vagues et molles pensées. Le cœur de cette brute improvisait tout bas un hymne à la liberté, tandis qu'il se laissait bercer doucement par la mélopée monotone et rauque des Arabes.

Par instants, ces hommes se taisaient, cherchaient dans le ciel l'étoile polaire et changeaient légèrement la direction de la chaloupe. Dans ces moments de silence, on entendait Kerven grincer des dents, et les transportés tournaient la tête pour ne pas voir étinceler ses yeux.

Au matin, le malheureux délirait presque. La moitié de l'équipage se livrait au sommeil. Le Français, immobile, la main sur la barre, semblait ne pas avoir veillé durant toute la nuit. Parfois, il jetait un coup d'œil de joie haineuse à son compatriote couché à ses pieds, et dans ce regard semblait puiser de nouvelles forces.

Cependant le plus jeune des condamnés eut pitié de Kerven. Le surveillant l'avait jadis sauvé du requin, et l'Arabe n'oublie jamais un service. Malgré le contremaître, le jeune homme se pencha sur le Breton, desserra le filet autour de son cou et de son visage, et lui fit, à travers les mailles, avaler une gorgée d'eau. Ce secours sauva Kerven : sa raison lui revint. Son képi étant tombé durant la lutte, l'Arabe lui couvrit la tête d'un lambeau de prélart.

Puis, le voyage continua, monotone.

La brise était tombée, la mer était unie

comme une glace, et le soleil montant dans le ciel embrasait l'atmosphère. Les nageurs transpiraient et soufflaient. Tous les quarts d'heure, chacun portait la gargoulette à ses lèvres et la reposait à l'ombre, moins pesante.

Le Français regardait, le sourcil froncé, les voiles tombant sans un pli le long des mâts, et essayait en vain de recommander à ses hommes de ménager leurs provisions.

Kerven voyait et entendait tout cela, et, de temps à autre, apostrophait en ricanant l'équipage et surtout le contremaître. Celui-ci n'avait réussi à entraîner ses compagnons qu'en leur assurant qu'au lieu de tenter le voyage chanceux de Demerari — où, s'ils y arrivaient heureusement, ils seraient aussi misérables qu'au pénitencier — il les conduirait en vue de Surinam (1). Là, un brick brésilien, avec le capitaine duquel il s'était naguère entendu, les prendrait à son bord et

____

(1) Chef-lieu de la Guyane hollandaise.

les conduirait au Para (1), au pays de toutes les libertés.

Et voilà que, furieux d'être désobéi et de voir disparaître le pain et l'eau qui formaient leurs seules ressources, le misérable avouait son odieux mensonge aux Arabes désolés!

Ce fut, durant tout le jour, un concert de menaces et de récriminations furieuses.

L'un d'eux, dans sa colère, leva son aviron pour briser la tête du traître, mais ses compagnons le retinrent.

— Triple brute! lui criait Kerven qui oubliait ses souffrances ; triple brute ! te voilà satisfait! Avant demain, tu n'auras plus de vivres et tu ne sauras plus où diriger ton canot! Tu as voulu te venger de Kerven, tu n'y gagneras qu'à être dévoré par le papa requin !...

Le « papa requin » — expression favorite du surveillant — se montrait en effet à

(1) Territoire contesté (Guyane brésilienne).

bâbord. Le vorace squale se jouait à fleur d'eau dans le sillage de l'embarcation, et les plus braves d'entre ces hommes se sentirent frissonner en découvrant la bande de requins-marteau qui, avides et féroces, suivaient leur éclaireur.

Le soleil, cependant, déclinait. D'énormes cumulus qui se tassaient à l'horizon surgirent alors superbes, avec des tons de pourpre. Et la brise, comme si elle n'avait attendu que le coucher de l'astre, se leva et poussa doucement en avant leur masse sanglante..

Tranquille, Kerven souriait d'un air sarcastique. Pourtant, il ne regardait point ce coin menaçant du ciel. Étendu sur le dos il fixait, de son œil de marin, un tout petit nuage blanc qui, sur sa tête, à une altitude excessive, planait depuis midi. Le contremaître suivit le regard du *chef*. Frissonnant, il vit le nuage s'accroître, s'abaisser lentement d'heure en heure, s'entourant dans sa descente d'un nimbe de vapeurs, immense et sombre, qui, peu à peu, s'étendit comme une tache d'huile.

Bientôt, ce voile noir effaça tout : l'horizon rouge et les derniers rayons du jour.

IV

La nuit s'était faite, épaisse et sans étoiles. Le vent était tombé de nouveau. La mer, qui moutonnait à son premier souffle, s'était calmée, brusquement, mais ce calme noir et silencieux semblait sinistre. Une chaleur lourde et asphyxiante rasait les flots, accablant l'équipage.

Le canot avançait à peine et les hommes découragés nageaient mollement, sans accord. Enfin, les avirons furent rentrés et, les phosphorescences qui naissaient dans leur sillon disparues, la nuit parut plus sombre et l'abîme plus terrible.

Ces Arabes fatalistes avaient conscience qu'une menace et un danger pesaient sur eux. L'esprit troublé par les prédictions de Kerven, ils attendaient dans une morne résignation un châtiment inéluctable et prochain, tandis qu'énervés par les brûlants effluves électriques tourbillonnant déjà dans l'atmosphère, ils se serraient instinctivement les uns contre les autres, comme un troupeau effaré qui sent venir l'orage et ne peut plus s'enfuir. Par moments, farouches, ils se regardaient entre eux, se montrant ce qui leur restait de vivres. Le poing levé, ils menaçaient le pilote avec une injure brève et sifflante, ou une invocation à Mahomet. Puis, le silence se faisait, si profond qu'on entendait choquer l'un contre l'autre les grains des chapelets que quelques-uns, de pieux Bédouins, roulaient machinalement entre leurs doigts.

Soudain, dans ce calme et dans cette ombre, un grand souffle passa. Le prélart qui couvrait l'arrière fut arraché violemment et disparut comme un immense oiseau de nuit . Les hommes furent renversés, le canot oscilla, embarqua un paquet de mer, et les Arabes, avant qu'ils fussent relevés, entendirent, épouvantés, Kerven éclater de rire.

— C'est sa première caresse, criait-il, ne vous effrayez pas ! Vous demandiez la brise, eh bien ! voilà *il signor Tornado!*...

Le marin ne s'était pas trompé. C'était plus qu'une tempête, c'était un *tornado* qui allait s'abattre. Terrifiés, les canotiers se cramponnèrent aux bancs. Le Français, seul, ne parut pas trembler. A sa ceinture de laine, il attacha la corde du filet qui enveloppait son maître, puis, demeura immobile, les bras croisés, et les yeux fixés, dans l'ombre, sur le surveillant ; il voulait, avant de mourir, se repaître de l'agonie de son compatriote.

Après un moment de répit, la rafale souffla de nouveau, irrésistible. Le canot, qui filait au hasard, fut enlevé comme une plume. Autour de lui, des vagues effroyables se brisaient. Il embarquait, s'alourdissant à chaque choc : l'ouragan l'emportait toujours. La lame furieuse semblait jouer avec lui. Une seule l'aurait coulé et Kerven, ruisselant d'eau, mais toujours impassible, croyait parfois avoir affaire à des êtres animés, en voyant cette lutte des flots et cette mort sans cesse imminente, suspendant la respiration des seize misérables — et toujours remise !

C'était d'une infernale angoisse et d'une horreur sublime, ces géants de l'Atlantique se renvoyant — comme des enfants une raquette, comme des chats une souris — cette coquille de noix où grouillaient des hommes éperdus !

Tout à coup, un déchirement se fit dans le coin le plus noir du ciel et la foudre éclata. Kerven sembla sortir de son impassibilité : à la fulgurante lueur des éclairs, on put le voir essayer de se dresser.

— Retire la barre et le gouvernail, cria-t-il, et qu'on amarre les avirons !

Étonné, le contre maître obéit et les fixa au

fond du canot. Le surveillant se coucha sur ces faibles planches comme pour les protéger. Espérait-il encore ? Il regardait non plus le ciel, mais la mer.

Lutte pour lutte. L'eau répondait à l'appel des nuages. Pendant que ceux-ci, tout en feu, s'entre-choquaient avec ces effroyables et longs éclairs et ces formidables détonations des tourmentes tropicales, les flots se soulevaient à une immense hauteur. Ils retombaient avec un bruit de tonnerre et bientôt, dans un déluge d'écume, recommençaient, plus furieux, leur assaut titanesque.

A chaque élan, les canotiers baissaient la tête et se cramponnaient davantage. La chaloupe semblait être arrachée de l'eau, et les misérables voyaient leur poil se hérisser sous l'influence de l'électricité, et de leur tête et de leurs mains pétiller de longues étincelles.

Cela dura plusieurs heures peut-être. Ils avaient perdu, dans ces affres silencieuses, toute notion du temps. Leurs oreilles bourdonnaient, pleines des décharges continuelles de la foudre, et leurs yeux éblouis ne percevaient plus qu'à peine la transition de l'ombre à l'éclatant embrasement du ciel.

Enfin, à une dernière et invincible attraction, la mer se souleva comme une montagne et Kerven sentit le canot s'élever avec elle dans la tragique ondulation d'une impossible escalade. L'eau formait un cône régulier, énorme, effrayant, dont le sommet vacillait. L'embarcation, emportée dans un cercle vertigineux, tournait sur ses flancs. La nue s'était abaissée, comme un cône, elle aussi, et, avec l'implacable menace d'un écroulement fatal et monstrueux, lentement, ces deux masses frémissantes cherchaient à se rejoindre dans un baiser inouï.

Puis, un suprême coup de tonnerre retentit; pendant plus de trente secondes, ses roulements répercutés se succédèrent dans un éblouissant éclair, et, soudain, tout s'abîma avec le fracas d'une escadre qui saute...

Une force prodigieuse avait projeté au loin, à demi rempli d'eau, mais flottant encore, le

canot qui craquait de toutes ses membrures.
Alors, le Breton se souleva et, à la lueur des
derniers éclairs, il vit tourner avec une ra-
pidité foudroyante, à deux brasses du bord,
le tronçon de mât qu'avait arraché le *tornado*.

Le marin voulut crier, mais les hurlements
de l'ouragan couvraient sa voix. Il sentait et il
mimait qu'il fallait d'un seul coup, d'un seul
effort, s'éloigner — fut-ce de quelques mètres
seulement — de ce maelstrom attirant, de ce
mouvement giratoire dont les dernières ondulations expiraient près de lui... et il ne pouvait se faire comprendre et il ne pouvait pas
agir.

Une telle mort après un tel miracle ! Echap-
per au tornado pour périr dans ce tour-
billon !...

Un rien sauva les malheureux. Le mât en
tournoyant de plus en plus vite, heurta le
canot qui surplombait le gouffre. La légère
impulsion que donna ce choc à l'embarcation
l'éloigna : cette tangente de quelques brasses,
c'était le salut.

Alors dans l'ombre on se compta. Il manquait sept hommes.

Et le contremaître courba la tête. Le misérable songeait que les vivres aussi avaient disparu.

V

Le reste de la nuit se passa à vider l'embarcation. Deux hommes s'y occupaient, pendant que les autres, affolés encore, se courbaient sur les avirons. Le gouvernail sauvé par Kerven fut rétabli et on put s'éloigner au bruit décroissant du tonnerre.

Quand le jour revint, toute trace de la tempête avait disparu. Les flots étaient calmes, le ciel pur.

Les neuf Arabes survivants cessèrent alors de nager. De nouveau et malgré les prières du contremaître, ils s'accroupirent sans vouloir faire un effort de plus. Silencieux et mornes, à quoi rêvaient-ils ? A leurs compagnons dévorés par la mer ? Au sort qui les attendait égarés, sans vivres ni boussole , en plein océan ?

Car ils étaient perdus, bien perdus ; ils en avaient nettement conscience, mais cette mort sous le ciel bleu, en plein soleil, souriait presque à ces fatalistes résignés, venant après la crainte de l'horrible noyade et de son agonie étouffée dans la vague et dans la nuit.

Le contremaître n'essaya pas longtemps de raviver leur courage. Il installa une voile sur deux avirons et se rassit désespéré. Il sentait, lui aussi, la partie perdue. Où allait-il ? Où l'ouragan l'avait-il porté ? Dans quelle direction gouverner ? Il l'ignorait. Au début, il avait projeté, le cas échéant, de recourir à l'aide de Kerven, que la famine aurait fait parler ; mais comment tenter le captif, maintenant qu'il n'avait plus ni vivres ni eau ?

Et le misérable, qui, les deux jours précédents, avait été plus frugal que ses hommes, sentait la faim et la soif le mordre aux entrailles.

Les heures s'écoulèrent ainsi, monotones et lourdes. Vers le soir, un des forçats commença à délirer. C'était celui qui avait donné à boire à Kerven. Son frère ayant été emporté par le tornado, sa raison n'avait pas résisté à la douleur : le supplice de la soif l'achevait.

Toute la nuit, il récita les versets du Koran qu'il psalmodiait, jadis, au seuil des saints marabouts, avant que l'insurrection ne l'eût recruté, soldat fanatique. On ne put l'obliger à se taire. Quant à Kerven, il dormait, ou bien, maille à maille, rongeait son filet. Quand le jour reparut, — le quatrième — le Breton avait le buste libre.

Le Français n'osait plus le regarder maintenant. Cet homme, ce colosse qui n'avait pas tremblé durant le danger, se sentait défaillir comme une femme, parce qu'il n'avait ni eau ni pain. Il se trouvait lâche, se gourmandait, mais la faim et la soif parlaient impérieusement chez cet athlète qui ne leur avait jamais commandé et il se surprenait par moments à guetter l'horizon. Il aurait été heureux d'apercevoir la mâture du *Sphinx*. Être réintégré au bagne, cela l'aurait fait sourire. Il n'était pas homme, ce vétéran, à craindre les coups de corde ! Comme un enfant, il songeait les yeux mi-clos. Après les mirages de la liberté, ce fauve en était descendu à rêver cuisines et gamelles fumantes ; par l'imagination, cette brute, oubliant l'espoir perdu, se promenait, famélique, dans la cour du distributeur, en humant le parfum du pain chaud !

Un coup violent tira le misérable de son rêve.

Mohammed-ben-Ahmed, l'Arabe qui toute la nuit avait chanté, était devant lui, la main levée encore. Le contremaître ne riposta pas.

— Que veux-tu ? murmura-t-il en se redressant.

— Je veux vivre! répondit l'autre, et ces deux hommes restèrent debout à se regarder dans les yeux. Pour l'un, c'était la diversion cherchée aux tortures présentes ; pour l'autre, la vengeance souhaitée : ils demeurèrent un instant, la lèvre retroussée, l'œil férocement haineux, comme deux hyènes aspirant le sang.

Kerven s'était soulevé sur son coude.

— Kiss ! kiss ! siffla-t-il. — Ses forces semblaient renaître à mesure que celles de ses hommes faiblissaient.

Les deux forçats n'avaient pas besoin qu'on les excitât. Dans l'étroit retrait de l'arrière, gênés par le surveillant qui ne pouvait s'éloigner, ils s'étreignirent brusquement, et le craquement de leurs membres couvrit bientôt l'halètement puissant et précipité de leurs poitrines soudées l'une contre l'autre. Leurs reins plièrent et ils tombèrent tous deux à genoux. Alors d'un commun accord, sans se lâcher, ils soufflèrent un instant. Puis, la lutte recommença horrible, chacun cherchant à jeter son ennemi à la mer.

L'Arabe était plus fort, le Français plus nerveux : la victoire semblait indécise. Soudain, furieux, le contremaître dont le bras nu de son adversaire entourait le cou — un bras d'adolescent ferme, hâlé à peine et où la saillie des muscles mettait des taches rosées — pencha la tête et, ivre de colère, de faim peut-être, le mordit affreusement au-dessous du coude.

L'Arabe rugit de douleur, et dans un effort inouï, s'arc-boutant sur les jambes et sur les genoux, suspendit le misérable par-dessus le bord.

Kerven alors intervint. Se traînant, rampant presque, malgré ses liens, il se glissa entre le bordage et le vainqueur, et, d'un coup brusque de ses robustes épaules, fit lâcher prise à Ben-Ahmed. Le contre maître, dégagé de l'étreinte de son adversaire, regagna sa place en jetant un regard haineux au surveillant qui l'avait sauvé. L'Arabe, après avoir regardé son maître avec étonnement, voulait recommencer la lutte.

— Laisse-le, lui dit le marin, et retourne à ton banc...

A cette voix connue, le jeune homme, comme dégrisé tout à coup, obéit sans mot dire.

Les fugitifs cependant s'étaient peu à peu réveillés de leur torpeur. L'instinct parlait. Ils essayèrent de pêcher. Ce fut en vain. Le soir ils n'avaient rien pris et, par bandes avides, les requins recommençaient à suivre le sillage de l'embarcation. Alors, la colère éclata, générale et d'autant plus violente qu'elle avait été plus longtemps comprimée. Les Arabes se rappelaient que le contremaître avait jeté à la mer les filets et les lignes du surveillant.

— Sans toi, lui criaient-ils, nous pourrions pêcher... Et sans toi, sans tes promesses menteuses, serions-nous là ? Pourquoi nous as-tu fait évader du pénitencier ? Pour nous mener en pleine mer et nous faire mourir lentement ! Il y en a sept déjà qui manquent !...

Et les vigoureux Kabyles, exaspérés, se précipitèrent sur le misérable, en enjambant le corps de Kerven.

A la vue du danger, le forçat pâlit, mais la réaction vint vite. Cet homme avait de l'énergie et de l'orgueil. Il enleva la barre du gouvernail et fit un moulinet devant lequel ses ennemis reculèrent.

Debout sur le banc de l'arrière, menaçant, terrible, l'œil étincelant, le colosse était superbe d'ardente volonté et de hautain mépris. Les Arabes subirent cette impression. Le contremaître ne les dominait pas en vain depuis dix ans. Ils rétrogradèrent, déjà moins hardis. Ils sentaient le maître, celui qui, après Kerven, leur avait toujours le plus imposé.

— Nous voulons, dit l'un, que tu nous sortes de là !...

Alors le Français se radoucit. Longtemps il leur parla, employant à dessein des mots arabes, des locutions de leur pays. Peu à peu, il les ramenait à lui. La meute reconnaissait son chef de file. La diplomatie du Français n'était guère éloquente, mais, persuasive, elle les séduisait. Tout d'abord aux premiers mots, une réflexion lui avait apparu comme un éclair. Ce n'était, après tout, que la modification, voulue par les événements, de son premier projet. L'équipage se rallia à ce nouveau plan et se rassit en silence.

Alors, doucement, le forçat se pencha vers Kerven, le souleva, l'assit à ses côtés et, tranquillement :

— Chef, tu sais que nous sommes perdus ? lui dit-il.

— Oui, répondit Kerven, souriant.

— Pourrais-tu nous conduire à la terre la plus proche ?

— Oui.

— Est-ce un sol anglais ?

— Oui.

— Veux-tu nous donner ta parole d'y mener directement le canot ?

— Oui.

— Tu n'ignores pas que nous n'avons plus ni vivres ni eau ?

— Oui.

Le contremaître tira son couteau, et, lentement, une à une, coupa les mailles du filet. Kerven, libre, ne bougea pas, mais ses yeux étincelants ne quittaient pas le forçat. Celui-ci ne se méprit pas à ce regard. Il recula.

Le silence s'était fait, solennel.

— Tu veux me tuer ? demanda-t-il.

— Oui ! répondit encore une fois Kerven.

Le condamné était resté accablé, d'abord, devant ce justicier immobile dont le regard le poursuivait toujours. Puis, une rage lui vint, qui lui empourpra les pommettes. Avoir souffert dix ans, avoir échappé à tant de périls, être venu si loin pour finir ainsi !...

— Je me défendrai ! rugit-il, en brandissant son couteau.

— Non ! dit Kerven.

Et, sans que le surveillant eût fait un

signe, Mohammed se jeta sur le misérable et lui arracha son arme. Alors, le forçat se sentit perdu. Les Arabes s'étaient serrés derrière lui : il ne pouvait reculer davantage.

Il regarda l'Océan tranquille et doux. L'idée lui vint de sauter à la mer, d'en finir tout d'un coup, de se laisser couler comme un pavé dans cet abîme dont les profondeurs d'un vert glauque l'attiraient. Sous leur transparence décroissante, il découvrait une nappe sombre que le sillage de l'embarcation veinait de courants d'eau plus claire, comme laiteuse, où perlaient et couraient des milliers de bulles d'air, toutes blanches. Il eut, un moment, la vision béate d'un doux sommeil sur ce lit humide et frais, d'un repos infini, d'un calme étrange. La volupté de la mort l'étreignait à la gorge. Les brutes ont parfois, paraît-il, de telles tentations.

Celle-ci ne dura qu'un éclair. L'homme d'ailleurs était lâche.

L'aileron d'un requin émergea à une demiencâblure, et le contremaître se rejeta en arrière, blême et frémissant.

Alors, il rencontra encore le regard de Kerven. Il tomba à genoux.

— Grâce ! s'écria-t-il.

VI

Le marin s'était levé, solennel et grave comme un juge.

— Écoute, dit-il au forçat, je vais te dire pourquoi je te condamne à mort... Nous sommes à bien des milles de la Guyane anglaise. C'est la terre la plus proche, mais, fût-elle la plus éloignée, j'y mènerais encore ces Arabes, ces malheureux que tu as perdus. Eux, ce sont des hommes... Ils avaient défendu leur pays, ou violé les lois que nous avons imposées. On les a mis au bagne. — C'est le métier des conseils de guerre, comme c'est le mien de garder les prisonniers qu'ils m'envoient... Ces hommes ont un cœur. Le bien que j'ai pu leur faire, ils ne l'ont pas oublié. L'autre jour, ils m'ont sauvé la vie — malgré tes ordres : avant deux jours, ils seront libres.

Si je te condamne, toi, ce n'est cependant pas par vengeance personnelle : mon mépris se fond en pitié, ma pitié en pardon. Donc, mauvais, je te pardonne.

Mais tu ne peux être libre... Je te connais profondément : il est trop tard pour que tu te retournes. Tu as toujours été ingrat et méchant. Tu as blessé mes enfants, incendié ma maison. Tu m'as haï davantage à chaque nouveau bienfait. Est-ce vrai? Démens-moi si tu l'oses... Cependant, après t'avoir sauvé autrefois de la corde et de la double chaîne, je ne voudrais pas me venger aujourd'hui. Je te pardonne, te dis-je, le mal que tu m'as fait à moi-même ; mais, si je ne te condamnais pas, dans trois jours tu serais libre, et je serais coupable comme un dompteur qui lâcherait son tigre dans la foule.

S'il y avait **un** pénitencier, non loin d'ici, sur la côte, je te livrerais. Il n'y en a pas. Puisque tu ne peux reprendre ta chaîne et que tu es indigne de la liberté, je te condamne à mourir... Si tu as du courage, fais-toi justice !

Sur un geste de Kerven, Ben-Ahmed jeta son couteau au transporté.

Le forçat, écrasé, balbutia :

— Maître, j'ai servi sur le même navire que vous...

Le surveillant se pencha, frémissant de colère :

— Tais-toi, dit-il, tu es plus lâche que je ne le croyais ! Ne me rappelle pas cela. Si je pouvais, entends-tu ? si je pouvais te faire grâce, ce souvenir m'en empêcherait... Je pardonnerais bien des crimes à un autre... Ce qui te rend coupable, c'est justement que tu as été marin... Je te condamnerais, misérable, rien que pour avoir déshonoré la marine et la mer !... Fais-toi justice, ou je te tue !...

Accablé, presque couché, le bandit demeurait là, suppliant.

— A genoux, vous autres ! commanda Kerven, et, quand vous serez libres, n'oubliez pas cette mort !

Les Arabes obéirent en silence.

Le Breton, tout pâle, brandit la barre du gouvernail, puis, fermant les yeux, abattit son bras.

On entendit un coup sec.

Le contremaître, le crâne brisé, gisait immobile. . . . .

. . . .

Le surveillant était retombé sur le banc, la tête dans ses mains. Deux canotiers saisirent le cadavre et le jetèrent à la mer. Au bruit de la chute du corps, le marin frissonna.

— Est-ce fini ? demanda-t-il.

— Oui, chef ! répondirent les Arabes ; et, aussitôt, chacun se mit à la besogne.

La confiance est revenue. On oubliait la faim, la soif, l'aveuglante et intolérable chaleur. On improvisa une voile, on se courba sur les avirons.

Deux jours se passèrent, deux longs jours

terribles. Kerven ne dormit pas et ne quitta pas la barre une minute. Ses yeux caves faisaient peur. Les Arabes n'avaient plus la force de nager. Quelques-uns devenaient fous.

Le soir du troisième jour, le surveillant s'écria :

— Mes enfants, souquez un peu, je vous en supplie !...

Et, debout à l'arrière, il agitait un lambeau de prélart. De son œil de marin, il avait découvert, à l'horizon, la fumée d'un vapeur.

A la nuit tombante, le steamer anglais, qui avait stoppé, les reçut à son bord.

VII

Après s'être refait à Demerari, Kerven s'embarqua pour Cayenne. Ses Arabes, tous bien placés chez un planteur sur sa recommandation, voulurent l'accompagner jusqu'au quai. En présence du consul, le Breton leur serra la main, sans honte. Les évadés rayonnants portèrent à leurs lèvres, à la mode algérienne, la main que leur maître avait pressée et, longtemps, du regard, suivirent, émus, le packet...

A Cayenne, le surveillant fit son rapport.

On le félicita vivement ; mais, deux mois après, le courrier de France apporta pour lui, du ministère de la rue Royale, une punition de soixante jours de prison militaire. Le fonctionnaire colonial chargé de la signifier au marin ajouta :

— Cela vous apprendra à vous laisser prendre au filet.

Kerven n'a pas démissionné. Il a des enfants et tient à sa retraite.

Cayenne, 1879.

VI

LA MORT DU JAPON

A Albert Dubrujeaud.

« *Un décret de l'impératrice du Japon vient de proscrire à la Cour la toilette et la coiffure nationales. Les dames ne seront reçues désormais qu'en costume européen, et coiffées à l'américaine...* »

Ainsi s'expriment les feuilles d'Extrême-Orient du dernier courrier (1), sans que d'ailleurs, aucun de ces journaux anglo-saxons s'indigne ou simplement s'étonne. Bien au contraire, on dirait qu'ils se félicitent de cette révolution. Aussi bien marque-t-elle

(1) Septembre 1886.

le triomphe de la politique comme du mercantilisme des Anglais, aidés par les Yankees et les Allemands.

Depuis près de quinze ans, le Nippon n'était plus ; mais il se survivait comme art, le pittoresque se déracinant moins vite qu'une constitution historique : d'un trait de plume, la souveraine vient de signer son **arrêt de mort**.

Avez-vous lu son ukase barbare, **ô vous**, Pierre Loti, qu'à Nagasaki, naguère, on voyait errer la nuit, vêtu en Japonais, un lampion à l'extrémité de votre bambou, et retenant le claquement de vos *gettas* sur le sol, afin de surprendre aux fentes des cases les *mousmés* jacassant en rond **sur les** *tatamis* ?...

L'avez-vous lu, ô mon cher maître de Goncourt, vous qui nous avez révélé le doux pays du Soleil Levant, ses formes, ses couleurs, ses caprices, ses monstres et son impressionnisme exquis ?...

L'avez-vous lu, ô José-Maria de Hérédia, vous qui, dans un de vos plus admirables sonnets, avez buriné l'héroïque figure du *Samuraï ?...*

Si vous l'avez lu, vous aurez pleuré sur la fin d'une civilisation, sur la mort d'un art, et tous les artistes pleureront avec vous !

Chez nous, du reste, il ne navrera pas les seuls *japonisants*, le vandalisme du décret impérial ; il choquera la foule elle-même, car les expositions, le théâtre, les musées, les livres, la mode, lui ont rendu familières les soyeuses merveilles du costume japonais. Mais de la révolution nouvelle le côté ridicule sera moins remarqué peut-être. Il faut, en effet, pour s'en bien rendre compte, avoir rencontré des Japonaises affublées de chapeaux à plumes, de corsets, de crinolines et de robes à falbalas.

Le hasard m'a offert, l'an dernier, à Yokohama, ce spectacle inoubliable : le premier jour, je n'eus pas la force d'en rire.

On m'avait présenté, dans le monde, à une

jolie femme indigène, qui portait à ravir les riches étoffes de son rang et dont la beauté devenait hiératique, lorsque, drapée dans les soies et les brocarts aux dessins fantaisistes, tramés de lumière, la dame jouait du *cha-mycen*. On organise pour le lendemain une partie à cheval. Je suis invité à y prendre part, j'accepte avec enthousiasme, j'arrive à l'heure dite, et je recule stupéfait devant la déesse de la veille vêtue en amazone, avec un feutre, des gants, un voile de gaze bleue : on eût dit une de ces guenons qu'au cirque on juche sur des poneys pour les pantomimes !

Et qu'on n'en accuse pas son inexpérience, la gaucherie de ses débuts. J'ai connu, depuis, des femmes de fonctionnaires ou de diplomates habituées de longue date aux accoutrements occidentaux, rompues aux mystères de nos modes, et qui n'étaient guère moins déplaisantes.

Habillée par nos grands couturiers, la « belle Fatma » (en admettant qu'elle ne soit pas de la Gironde !) ferait, esthétiquement parlant, bonne figure n'importe où. Les buveuses de thé et de *saki*, petites femmes d'étagère, étranges comme leurs bibelots et très spécialement bâties, ont été plus mal, ou autrement partagées par la nature.

Courtaude en général, et d'extrémités attachées lourdement, la *mousmé* est d'ordinaire grassouillette, ce qui semble exagérer encore l'épaisseur de sa taille, le volume de sa tête rarement proportionnée à l'ensemble et le triste dessin des membres inférieurs. Pareille à la Sirène antique, elle n'a que le buste d'acceptable.

Grâce à sa façon de disposer ses cheveux un peu gros mais beaux et noirs, grâce à ses doux yeux d'enfant, grâce à sa fine et petite bouche, grâce surtout à son rire éternel, elle paraît jolie, et l'est réellement peut-être. (La caractéristique du Japon, et plus encore de la Japonaise, c'est le rire, l'affabilité, — le charme.) Seulement, elle trompe, cette jolie tête, rendue plus jolie par les robes si harmo-

nieusement drapées sur le corps; et les si-
r ènes de Tokio, d'Osaka, de Kioto ne doivent
être vues que décolletées.

Le Japon, c'est le royaume du grotesque.
Ne pouvait-on laisser ce grotesque à l'art qui
en a tiré le parti que l'on sait? Il est triste de
voir les premiers caricaturistes de la terre
devenir eux-mêmes des sujets à carica-
tures...

En quittant mon amazone, je me rendis à
Tokio, la nouvelle capitale, où je débarquai
du train à l'heure de la sortie des bureau-
crates ministériels — une armée. Ces malheureux ronds-de-cuir sont forcés, à partir
d'un certain chiffre d'appointements, de se
costumer comme les nôtres, et, lamentables,
semblent revenir d'un *décrochez-moi ça* qui
n'est pas au coin du quai! Les commis subal-
ternes, pour qui le *complet* et le *gibus* seraient trop coûteux, gardent la robe natio-
nale si élégamment commode, les sandales et
le classique parasol, mais, tondus ras comme
nos conscrits, et, affreux de la sorte, se coif-

fent d'un odieux chapeau melon et portent des gants blancs en filoselle, à l'instar des tourlourous endimanchés.

Il y a mieux. Dans l'intérieur du pays, le touriste peut lire une affiche officielle enjoignant aux fonctionnaires d'endosser l'habit noir pour les cérémonies. Et afin que nul n'en ignore, le placard se souligne d'un dessin qu'on jurerait être le découpage d'une gravure de mode !

Un Japonais intelligent — il en reste — reçut mes doléances.

— *U no mané suru karasu !* me répondit-il. C'est le corbeau qui veut singer le cormoran !

En même temps, il me montrait un éventail représentant, d'un côté, un corbeau en train de se noyer pour avoir voulu plonger sous l'œil railleur d'un cormoran ; de l'autre, des Japonais des deux sexes travertis en résidents du *settlement* européen de Yokohama !

Ainsi donc, c'en est fait ! On n'admirera

plus la coiffure de Kioto largement évasée par derrière, et les sourcils postiches, et les lèvres passées au carmin, et tout ce qui relevait l'altière beauté des femmes de grande race !

L'Impératrice se coiffant chez une madame Virot de San Francisco et se faisant habiller par un Worth de Hambourg, on ne voyait déjà plus ses clairs *kimonos* déborder comme jadis de son *norimon* couvert de crêpe violet et constellé d'or. Ses porteurs n'avançaient plus, pareils à des évêques, entre deux haies de *yakunins* armés du sabre. C'est en voiture qu'elle se rendait déjà aux eaux de Mia-no-shita, aux temples, — à la gare. Mais du moins, le japonisant introduit au palais, pouvait-il, à défaut des *kugés* en robe blanche, leur bizarre tiare de papier laqué plantée sur l'occiput, et des dignitaires en habits de cour verts ou roses, en larges pantalons *hakamas* traînant comme des jupes, se consoler par le spectacle des dames d'honneur aux robes bariolées, radieuses, grandioses, aux *obis* d'une soie comme n'en avait pas Cendrillon dans *Peau d'Ane*, aux larges manches formant poche, avec des plis drapés à rendre fou le dessinateur après le coloriste !

Aujourd'hui, le *tailor for ladies* a passé par là ! Sa boîte d'échantillons a été l'éteignoir de ces splendeurs, et le défilé pompeux de l'ancienne cour fait place à un déballage de voyageuses de l'agence Cook. Coiffées à l'américaine, c'est-à-dire à la Titus, comme les verseuses des *bars*, ou couronnées de deux queues de rat nattées : voilà les reines de la *gentry* de Yeddo !

Hip ! hip ! Hurrah ! John Bull et Jonathan, ayant écoulé leurs cotonnades (1) vont écouler les rossignols de toilette féminine accumulés depuis longtemps dans les *stores* des ports ouverts. Au Japon, ils avaient pris son argent :

(1) Les Anglais ont contraint à se vêtir jusqu'au cou les traîneurs de *djinrikchas* ou cabriolets. Ces hommes-chevaux, faisant 50 kilomètres par jour au pas gymnastique, vivaient en caleçon. Depuis qu'ils se couvrent, ils succombent tous à la pneumonie !

ils viennent de lui prendre ce qui restait de son art. Tué par les commandes pour l'exportation, ses secrets de métier perdus, celui-ci subsistait vaguement dans la toilette des femmes : le décret impérial, œuvre d'on sait quels conseillers, lui porte le coup de grâce.

Et le palais lui-même, que va-t-il devenir avec ces réformes? Sans doute, va-t-on le meubler d'acajou, de palissandre, de simili-bronze? Ensuite, on comblera les fossés actuels, si beaux avec leurs lotus aux fleurs roses et leurs coins d'eau, morceaux de laque où se mirait la promenade des nuages du ciel! On arrachera, pour installer un jardin anglais et des pelouses de *lawn-tennis*, les bambous, les érables, les chênes et les cryptomérias plus beaux que des cèdres, qu'avait plantés Taiko-Sama!

Jadis, en ce parc des mikados, on ne voyait ni plates-bandes ni corbeilles. Sur les ondulations du terrain couvert d'herbe, des chalets se succédaient sous les branches. Entre des blocs de granit où se battaient de fraîches cascades, l'Impératrice attendait ses invitées.

Dans son pavillon, aucun meuble européen ne jurait avec les *tatamis* moelleux où s'enfonçaient les petits pieds des femmes. Les paravents aux montants sculptés, les cloisons mobiles de papier laissaient voir l'étendue verte où stridaient les cigales, et parfois dans l'air bleu une envolée de grues poursuivant en l'espace le dessin des éventails. Au *tabacco-bon* s'allumaient les pipettes d'argent, et vaguement embuées par leurs spirales, les visiteuses écoutaient la chanson des cascades, le grattement des guitares, tout en échangeant des babils d'oiseaux et des rires sonores.

Ensuite, si c'était le printemps, on allait voir les pruniers *mumé*. En avril, c'était la neige des cerisiers qu'on allait recueillir en procession, avec des dandinements qui, sous les feuilles, allumaient des éclairs de soie. Au retour, des pétales roses demeuraient attachés aux ceintures *obis*, aux chignons lustrés, ouverts comme des ailes. Et comme les femmes du peuple revenant de Muko-Sima, d'Uéno, d'Oji, blanches et bleues sous les sapins, les plus jeunes des patriciennes tapaient dans leurs mains, à la suite du cortège, et chantaient la floraison bénie des cerisiers d'amour...

Car la fleur était reine, en ce temps où l'art était roi. En juin, on fêtait à leur tour les glycines. On attachait aux arbres des pièces de vers écrites sur du papier de riz et célébrant les *fudsis* violâtres. Le mois suivant, au-dessus des cascades, on allait admirer les iris, puis, en automne, on célébrait la chrysanthème, le *kikou* impérial...

Et maintenant on célébrera les arrivages de fleurs artificielles, de tournures à ressort et de corsets réformateurs! Le Japon des artistes a cessé de vivre.

On en pourrait prendre son parti, à la rigueur, et s'y résigner comme à la disparition de tant d'autres belles choses détruites par une soi-disant civilisation, si les Anglo-Saxons n'étaient pas les auteurs responsables du vandalisme des progressistes japonais. A Tokio ils règnent en maître, et l'art local,

que peu d'entre eux sont capables de sentir,
demeure leur moindre souci.

J'ai visité les temples de Nikko avec des
touristes anglais, gens du monde pourtant,
qui passaient, sans les voir, devant les plus
beaux trésors d'un art polychrôme que la
Grèce elle-même ignora, mais supputaient le
volume en stères des forêts de cryptomérias
et notaient sur leur calepin le prix des truites
à l'auberge.

Or, ce sont ces civilisés qui gouvernent.
Non contents de vendre aux Japonais, à des
prix fantastiques, des chemins de fer inférieurs et des navires qui ne marchent pas, ils
régentent les mœurs, proscrivent les nudités
familières à ce peuple dont la pudeur, pour
différer de la nôtre, est réelle, et imposent
leur langue au pays. Comme partout, la
France regarde, les bras croisés. Représentée
par des diplomates philosophes, amis des
économies, elle s'annihile, loge sa légation
dans un taudis, lorsque les autres puissances
ont des palais, laisse perdre au pied du *bluff*

de Yokohama les terrains lui appartenant, et voit tous les ans réduire ses missions militaires et civiles.

Le Japonais, asiatique enfantin et simiesque, a oublié ses anciens projets d'emprunter sa science à l'Europe pour mettre les Européens à la porte et redevenir maître chez lui. Il se laisse mener et, réconcilié avec le spectre chinois, fait le jeu des Anglais par peur du spectre russe.

Cependant, il ne peut mobiliser ses troupes, faute de routes, ni les transporter hors de ses îles, faute de navires pour les entretenir de ces chaussures de paille spéciales aux guerriers du Nippon et dont chaque paire dure deux heures. La pieuvre britanique, la manie des réformes ont mis son budget à sec, et, grâce à la presse, son gouvernement est à la merci d'une révolution.

Chose étrange et qui montre bien tout l'artificiel des politiques, il va de préférence à l'Anglo-Saxon, son exploiteur, l'homme à qui son genie est le plus étranger, mais il dédaigne ceux à qui il doit son armée comme son code, les Français dont son caractère le rapproche si fort, et il déteste les Russes, à qui, par ses côtés à la fois enfants et caducs, il ressemble sur plus d'un point.

Son art détruit, trouvera-t-il ailleurs des compensations? L'espérer, ce serait mal connaître l'Angleterre. Que, d'ailleurs, la *baleine* ou l'*éléphant* soit vainqueur dans la lutte future, le Japon sera réduit à un demi-vasselage. Dès à présent, en tous cas, on peut proposer aux Reclus futurs une nouvelle définition de l'ancien paradis du Soleil Levant :

Japon. — Colonie anglo-américo-allemande, située entre les 127ᵉ et 144° de longitude Est (méridien de Paris) et les 31° et 47° de latitude Nord. Succursale des magasins de Old England... »

VII

OURS DE MER ([1])

A Henry Bauer.

J'ai connu le père Renoux au Tonkin. Le vieux second-maître servait dans le bataillon des fusiliers marins. Un jour, en colonne, il répara la sangle de ma selle, m'évitant ainsi d'achever l'étape à pied, et comme il refusa mes remerciements, se trouvant payé par le plaisir si vif qu'éprouve tout bon matelot à s'occuper d'un cheval, cela nous lia.

Quinze mois après, je le retrouvais dans les

([1]) On sait que M. P. de Cassagnac a créé l'*Ours de mer* sans doute pour faire opposition au traditionnel *Loup de mer*.

mers de Chine, où tout le monde s'entretenait des tours de force accomplis par l'escadre française et surtout des hardis coups de main de ses torpilleurs. Aussi, en rencontrant le vieux brave, ne résistai-je pas au plaisir de me faire narrer sous une forme naïve, et peut-être ainsi plus émouvante encore, les faits d'armes que m'avaient conté ses officiers.

— Eh bien, lui dis-je, quand il eut fini et pris une nouvelle chique, vous ne soutiendrez plus que la nouvelle marine ne vaut pas l'ancienne ?

Entêté comme un vrai calfat, l'excellent homme n'avait jamais, en effet, cessé de me marquer ses regrets du vieux temps de ses débuts.

— Mon Dieu ! monsieur, répondit-il, faut s'entendre ! Elle la vaut et elle ne la vaut pas ! Les gas y sont bien un peu jeunets, mais y se battent tout d'même, et les chefs, avec leurs nouvelles inventions du tonnerre de Brest, sont d'aussi rudes gens que les anciens. Dame ! par exemple pour brasser la toile, y a pas : c'est fini ! Avec la chauffe, le métier s'est perdu. Nettoyés les gabiers !... Du calcul et des écritures, tant qu'on veut, mais le reste en ralingue !

— Bah ! vous exagérez...

— Tenez ! regardez moi plutôt *La Sauterelle*, qui nous fait vis-à-vis, c'est-y un bateau ficelé, ça ? Vous ne voyez pas que son mât de misaine est trop appelé sur l'avant ?... Ah ! c'est pas mon vieux *Catinat* qu'aurait eu cette figure au mouillage ! Mais aussi, nous avions un de ces commandants !... Au fait, monsieur, vous devez, chez l'amiral, en avoir entendu parler, du vieux Lelieur ?... Non ?... C'est pas faute qu'il y ait d'histoires, pourtant !

— Il y a des histoires ?... Voulez-vous me les raconter, monsieur Renoux ?

— Oh ! moi, je ne sais pas parler... Tout d'même je veux bien vous raconter le peu que j'ai vu... D'abord, faut vous dire pourquoi qu'on appelait notre commandant « le vieux », même au carré. Il était né, qu'on disait,

en 1798, au Canada. Il avait donc plus de
soixante ans à la première guerre de Chine, et
il aurait dû avoir sa retraite depuis longtemps
mais y paraît que ses papiers avaient été
brûlés dans l'incendie de Québec ou de Mont-
réal, je ne sais pas au juste, et quand on voulait lui donner sa pension, y répondait comme
ça au commissaire qu'il avait l'âge et qu'il ne
voulait pas de *rabiot*, en moins ni en plus...
Comment que ça se faisait : je ne peux pas
vous dire, mais ça prouve bien qu'il y avait
moins d'écritures qu'aujourd'hui !

— Evidemment !

— Alors, voilà que nous arrivons en Chine
avec le *Catinat* commandé par ce vieux Lelieur de la Ville-sur-Ars... un drôle de nom,
mais un rude matelot ! L'amiral Rigault de
Genouilly ne l'aimait pas ; seulement le vieux
s'en moquait bien. Dès qu'on signalait : *liberté de manœuvre,* on ne nous revoyait plus !...
Je ne vous dirai pas toute la campagne, ça
serait trop long, et puis, j'étais apprenti-ma-
rin, moi, presque un moussaillon, j'avais été

pris par l'inscription en revenant de la grande
pêche !... Mais y a des choses que j'ai bien
vues et que j'ai pu oublier. Tenez, la première fois que je suis allé à terre avec un fusil,
c'est à Canton. J'ai jamais tant ri...

Le commandant avait pour cuisinier un
failli chien de Parisien, voleur comme tout,
mais qui fricotait comme personne. Un jour,
il l'envoie aux provisions. Le soir venu, pas
de dîner : le coq n'était pas rentré ! D'abord,
nous croyons qu'il était en bordée, mais le
lendemain on vint avertir le bord qu'il avait
été tué par les Chinois dans une rue de la
ville qu'on nous désigne. Ah ! si vous aviez
vu notre commandant ! Y en avait pas pour
jurer comme lui. Aujourd'hui nous n'avons
plus pour ainsi dire que des demoiselles... Ça
fut pas long. Lorsqu'il eut bien sacré, il fit
faire branle-bas et mettre à terre sa compagnie de débarquement, dont j'étais. Vous riez.
monsieur ? n'empêche qu'il fallait avoir un
fier culot et que c'est presque aussi beau que
Courbet à Fou-tchéou ! Pensez voir, nous

n'étions pas soixante et y a bien quinze cent mille magots à Canton. Mais quoi, il avait du nerf, et les Célestes le savaient !... Nous descendons, nous allons droit au quartier où on avait démoli ce Parisien de malheur et là mon Lelieur fait barrer la rue en question par quelques factionnaires. « A présent, vous autres, qui nous dit, chambardez tout ! »... Ah ! bon sang, si vous aviez vu ça !... Nous entrons dans les cases, dans les magasins, et en avant la danse ! Les Célestes gueulaient et se sauvaient dans une dégringolade de potiches et de vitrines, tout le tremblement. C'est pas qu'y eût beaucoup à prendre. La ruelle ne contenait pas de beaux magasins, mais le saccage ! On démolissait tout, vous pensez bien. Y en a qui trouvaient tout de même des bibelots ; moi j'eus un bracelet de jade assez mignon que j'ai donné à ma première femme...

— Vous avez été marié plusieurs fois, monsieur Renoux ?

— Trois fois seulement. Sans cela, j'aurais pas tant bourlingué et y a beau temps que j'aurais pris ma retraite!... Pour vous en revenir à mon histoire, on prit ce qu'on put, pas beaucoup, parce que c'était une rue de petit commerce et surtout parce que nous étions, comme j'ai dit, jeunets, et que nous cherchions les Chinoises au lieu de chercher les piastres.

— Et vous en avez trouvé?

—Oh! sûr, oui. Elles se sont pas faites toutes seules les métisses que vous voyez à Hong-Kong! Y en avait de vieilles qui criaient. Les autres criaient bien aussi, mais quand y avait des hommes. Sans ça... Moi, j'en trouvai une qui voulait pas me laisser partir. Voyez-vous, monsieur, j'ai beaucoup voyagé. Eh bien! les femelles, ça change de peau, mais c'est toujours pareil! Mes deux défuntes et la madame Renoux d'aujourd'hui, vous me croirez si vous voulez ; je les confonds!...

Notre rue démolie, le vieux nous fit rallier le bord. Il avait du premier coup trouvé le joint. Nous nous serions plaints au vice-roi, il aurait fait décapiter devant nous quelques coolies, des forçats, les soi-disant assassins du cuisinier, et puis ça aurait continué. On nous aurait nettoyés un à un. C'est par l'argent qu'on tient les magots, voyez-vous, et tant que nous restâmes là, on nous soigna. Au contraire, on nous ramenait au quai, en chaise, quand nous avions trop bu, ou qu'on s'égarait!.... Je crois bien que c'est c't'même année-là que nous fîmes le coup des Chusan. Moi, je puis vous dire comment que ça commença.

Nous étions à Hong-Kong qui n'était pas, comme aujourd'hui, une belle ville, mais un sale trou infesté de pirates et de bandits. Les Anglais en pendaient tant qu'ils pouvaient : ça n'y faisait rien. La nuit tombée on ne pouvait pas sortir dans les rues. Notre vieux le savait, mais y disait toujours comme ça qu'avec deux revolvers on pouvait passer partout. Voilà donc qu'un soir, sans lune, nous l'attendions le long de la praya, dans sa baleinière, pour le ramener à bord, quand, sur le coup de onze heures, je l'entends crier : « *Robber! Rob-*

ber!... » plusieurs fois. Je réveille le patron et les autres qui dormaient et qui m'envoient promener : « C'est le vieux qu'appelle un ami ! N'y a personne du nom de Robert, sur le *Catinat...* ». Et y se recouchaient, lorsque le vieux arriva. Ah ! non, ce qu'y jurait encore cette fois-là ! Et en prenant les tire-veilles, y nous raconte qu'on lui a sauté dessus par derrière, deux Chinois énormes, et qu'on lui a tenu les bras tandis qu'un autre filou lui enlevait ses deux revolvers, sa bourse, son mouchoir, son couteau et sa montre. Il criait : « *robber !* » pour appeler les policemen, parce qu'y paraît qu'en anglais *robber* ça veut dire : voleur. En voilà une langue !... Enfin, passons. Le vieux ne dérageait pas. Le lendemain y raconte l'histoire à ses officiers. « Une si belle montre ! qu'y faisait, une montre de cinq cents francs ! » Y vint du monde à déjeuner, il leur redit son aventure : « Une si belle montre de mille francs. » Moi, je rigolais de l'entendre. Au bout de quinze jours, monsieur, il avait tant répété l'histoire, que la montre était devenue

un chronomètre garni de brillants, un cadeau
de l'Impératrice!...

Pour lors, on nous envoie lever une contri-
bution sur Ting-Haè, aux Chusan, avec ordre
de bombarder si on ne nous payait pas recta.
Les pêcheurs de ces îles avaient encore piraté
ou bien y s'agissait de venger la mort d'un
missionnaire, je sais plus. Nous arrivons. Le
Catinat s'embosse, fait branle-bas de combat,
et les autorités se présentent.

—Braves gens! que leur dit notre vieux,
l'amiral Rigault vous a condamnés à payer
dix mille taëls à titre de réparation. Seulement, comme vous avez volé ma montre à
Hong-Kong, vous ajouterez deux mille taëls
pour moi!

— Mais, qu'y répondent, nous sommes des
Chusan et pas de Hong-Kong!

— Ça ne fait rien : tous les voleurs sont
cousins!

Et on s'exécuta, monsieur. Ça ne fit pas
un pli!

— Mais, mon cher Renoux, m'écriai-je, il

me semble qu'il n'était pas très délicat, votre Lelieur !

— Ah! monsieur, c'est justement ce que l'amiral Rigault disait. Mais c'était un si beau manœuvrier !... Non ! y en avait pas un pour manier la toile comme lui. Et puis, il était si vieux ! Et son état civil qu'avait brûlé... Dans ces conditions, on pouvait bien lui passer quelques petites choses... Vous comprenez, ça l'avait aigri aussi, cet homme, de n'avoir pas d'avancement. On lui en voulait pour des riens. Ainsi, on ne tolérait pas qu'il eût dans sa chambre, à bord, une jeune Chinoise ou un mousse. Comme y disait : « Amiral, c'est pas pour ce que vous croyez ; c'est à cause des moustiques qui s'attaquent de préférence à la peau tendre. Sans ça, je peux pas dormir ! » On lui en voulait aussi, parce qu'il avait refusé, malgré les arrêts, de donner des guêtres de toile à sa compagnie de débarquement. Ça lui saignait le cœur à c'thomme d'abîmer de belle toile à voile pour nous faire ressembler à des fantassins !

Pour le punir, on l'envoya ravitailler la *Capricieuse* qui était à Touranne. C'est alors, si je me rappelle bien, que ça se gâta. Figurez-vous qu'à force de commander le *Catinat*, y se croyait chez lui. Nous fîmes je ne sais combien de relâches, et, chaque fois, faut bien tout dire, nous commercions comme un bateau libre, chargeant et déchargeant des marchandises, — un vrai cabotage, quoi! Mais le vieux était juste: nous avions notre part de bénéfices, comme à la grande pêche!

— Et ses chefs ne se fâchèrent pas?

— Oh! vous pensez bien que si. L'amiral Rigault de Genouilly lui donna l'ordre de rentrer en France pour rendre compte de sa conduite au ministre. Seulement, on le laissa rentrer sur son propre bateau dont il gardait le commandement. L'ordre reçu, il nous fait tous monter sur le pont. « Mes enfants, qu'y nous dit, je vous invite à prendre vos précautions : nous ne serons pas en France avant deux ou trois ans, car, j'entends ne pas brûler un seul port d'ici au Cap de Bonne-Espérance, et du Cap à Brest... » Et, là-dessus, nous voilà partis pour l'île d'Haïnam, à Hoï-How!... Dame! monsieur, je crois qu'il aurait tenu parole, mais un matin, y se leva pas. On finit par s'inquiéter, par entrer dans sa chambre. On le trouva mort. Malgré l'annuaire, il était décidément si vieux qu'il s'était éteint, sans souffrir...

— Et vous l'avez regretté, père Renoux?

— Oui, je l'ai regretté et je le regretterai longtemps. C'était un fameux gas, encore qu'y fût patraque; et, comme vous disiez, pas très gêné... Un fier manœuvrier! Et bon cœur! Monsieur, y avait pas de jour qu'y n'eût pré-texte à donner la *double* de vin ou de tafia à son équipage! On l'adorait... Et puis, y faut bien tout avouer, s'y n'était pas mort comme ça, j'aurais pas épousé ma première!...

Et, mélancoliquement, le père Renoux se confectionna une nouvelle chique.

FIN

TABLE

ÉMILE COLIN — IMPRIMERIE DE LAGNY

9 782019 953164